目 录

中国水文年报

2024

中华人民共和国水利部　编著

· 北京 ·

图书在版编目（CIP）数据

中国水文年报. 2024 / 中华人民共和国水利部编著. 北京 : 中国水利水电出版社, 2025. 6. -- ISBN 978-7-5226-3506-4

Ⅰ. TV12-54

中国国家版本馆CIP数据核字第2025UW2926号

审 图 号：GS京（2025）1250号

责任编辑：宋　晓

书　名	**中国水文年报 2024** ZHONGGUO SHUIWEN NIANBAO 2024
作　者	中华人民共和国水利部　编著
出版发行	中国水利水电出版社 （北京市海淀区玉渊潭南路1号D座　100038） 网址：www.waterpub.com.cn E-mail：sales@mwr.gov.cn 电话：(010) 68545888（营销中心）
经　售	北京科水图书销售有限公司 电话：(010) 68545874、63202643 全国各地新华书店和相关出版物销售网点
排　版	中国水利水电出版社微机排版中心
印　刷	河北鑫彩博图印刷有限公司
规　格	210mm×285mm　16开本　8.75印张　197千字
版　次	2025年6月第1版　2025年6月第1次印刷
印　数	0001—1000册
定　价	**98.00**元

凡购买我社图书，如有缺页、倒页、脱页的，本社营销中心负责调换

版权所有·侵权必究

雅鲁藏布江大拐弯（金君良 摄）

综述

2024年，全国降水量比多年平均值偏多，水面蒸发量比多年平均值偏少，天然径流量（径流深）比多年平均值偏多，大中型水库年末蓄水总量较年初有所减少。全国不同地区水文情势差异显著，松花江上游、辽河上游、海河南系上游、黄河上中游、长江中游、珠江西江上游实测径流量与多年平均相比偏低，形成了从东北至西南的枯水带，从此带向西北和西南两侧呈现丰水形势。全国有67条河流发生有实测资料以来最大洪水，特别是珠江流域北江发生特大洪水；全国旱情总体偏轻；黄河、黑龙江、辽河凌情形势平稳，未形成冰塞、冰坝和险情、灾情。全国主要河流输沙量总和较近10年平均值偏多，较多年平均值偏少。

一、全国降水和蒸发概况

2024年，全国平均降水量为717.7mm，比多年平均值偏多11.4%；列1956年以来第3位，仅次于1998年和2016年。4—5月珠江流域、6月中下旬长江中下游、7月上中旬淮河流域、7月下旬至8月海河及辽河流域累计面降水量均列1961年以来同期排位第一。

北方区平均降水量偏多21.1%，南方区偏多6.7%。黄河区、松花江区、辽河区、海河区年平均降水量已分别连续9年、7年、6年、5年高于多年平均值。松花江区连续7年平均降水量超过多年平均值10%以上，其中内蒙古白云胡硕站（697.3mm）为近70年以来年实测降水量排位第一；辽河区年平均降水量764.2mm，达到1956

年以来最大值，其中内蒙古境内楼子店（635.8mm）、猴头沟（711.2mm）、甘旗卡（812.9mm）和万合永（575.8mm）等站为近70年以来年实测降水量排位第一。西北诸河区年平均降水较多年平均值偏多20.4%，其中柴达木内流区布哈河口（716.8mm）和下社（569.7mm）站分别为近68年和42年以来年实测降水量排位第一。西南诸河区连续6年平均降水量低于或基本持平多年平均值。

全国平均蒸发量为947.3mm，比多年平均值偏少14.3%。松花江区、辽河区、海河区、黄河区、珠江区、西北诸河区等6个一级区平均蒸发量较多年平均值偏少，其中西北诸河区偏少最多，为25.4%；其他一级区基本持平。

二、全国径流和湖库蓄水概况

2024年，全国河川年天然径流量为29895.6亿m^3，折合年径流深为316.0mm，比多年平均值偏多12.6%，总体为偏丰水年。北方区年天然径流量偏多31.5%，南方区年天然径流量偏多8.9%。松花江区连续7年年天然径流量均超过多年平均值15%以上，其中牡丹江、拉林河上游、倭肯河为近70年以来年实测径流量排位第一；西北诸河区自2015年以来连续10年年天然径流量均高于或基本持平多年平均值，其中青海湖主要入湖河流布哈河、沙柳河为近70年以来年实测径流量排位第一，塔里木河支流叶尔羌河、和田河、克里雅河、木扎尔特河等近70年以来年实测径流量排位第二、第三；西南诸河区连续6年年天然径流量低于或基本持平多年平均值。

全国统计的783座大型水库和4064座中型水库年末蓄水总量为4588.8亿m^3，比年初蓄水总量减少41.7亿m^3，其中大型水库年末蓄水量为4079.0亿m^3，比年初减少38.2亿m^3；中型水库年末蓄水量为509.9亿m^3，比年初减少3.5亿m^3。松花江区、辽河区、海河区、黄河区、东南诸河区、珠江区、西南诸河区、西北诸河区8个一级区年末蓄水量较年初增加，其中珠江区、黄河区增加较多，分别增加49.2亿m^3、22.7亿m^3；长江区、淮河区2个一级区年末蓄水量较年初分别减少171.6亿m^3、2.2亿m^3。

全国常年水面面积100km^2及以上且有水文监测的75个湖泊年末蓄水总量为1496.2亿m^3，比年初蓄水总量增加18.7亿m^3。青海湖年末蓄水量比年初增加28.2亿m^3，洪泽湖年末蓄水量比年初减少7.0亿m^3。

三、全国地下水动态概况

2024年，全国地下水水位总体上升，地下水储量总体增加，泉水流量有所增大，地下水水温相对稳定。2024年年末，与上一年同期相比，59.5%的监测站水位呈弱上升或上升态势，全国浅层地下水和深层地下水平均水位分别上升0.3m和1.1m。按照地下水类型统计，58.9%的浅层孔隙水水位监测站、70.8%的深层孔隙水水位监测站，54.4%的裂隙水水位监测站，51.1%的岩溶水水位监测站，水位呈弱上升或上升态势。松花江区、辽河区、海河区、黄河区、淮河区、东南诸河区、西北诸河区7个一级区地下水水位呈弱上升或上升态势的监测站占比超过了50%，长江区、珠江区、西南诸河区3个一级区地下水水位呈弱下降或下降态势的监测站点比例超过了50%。

在29个监测浅层地下水的主要平原及盆地中，柴达木盆地浅层地下水水位呈上升态势，平均水位上升0.7m；辽河平原等16个平原及盆地浅层地下水水位呈弱上升态势；忻定盆地等8个平原及盆地浅层地下水水位呈弱下降态势；长治盆地、太原盆地、河南南襄山间平原、江汉平原共4个平原及盆地浅层地下水水位呈下降态势，平均水位分别下降1.1m、0.8m、0.8m和0.7m。

在19个监测深层地下水的主要平原及盆地中，海河平原等4个平原及盆地深层地下水水位呈上升态势，上升幅度为0.6～1.9m；辽河平原等6个平原深层地下水水位呈弱上升态势；河南南襄山间平原等7个平原及盆地深层地下水水位呈弱下降态势；塔里木盆地、太原盆地2个盆地深层地下水水位呈下降态势，平均水位分别下降1.0m和0.7m。

开展泉流量监测的49个监测站中，总的泉水流量较2023年有所增大。其中龙潭等10个泉的年平均泉水流量为近5年最大。

四、全国泥沙和水生态概况

2024年，全国主要河流输沙量总计4.11亿t，比近10年平均值偏多16.8%，比多年平均值偏少71.7%。主要河流平均输沙模数为104t/(a·km^2)，较2023年增加1.03倍，较多年平均值偏少71.5%。辽河区多条河流年输沙量较多年平均值偏多，其中老哈河、东辽河、太子河、浑河等年输沙量分别偏多73.9%、3.27倍、2.08倍和2.37倍。松花江区牡丹江较多年平均值偏多2.21倍。青海湖主要入湖河流布哈河、沙柳河年输沙量较多年平均值分别偏多1.96倍和2.65倍。塔里木河支流和田河、阿克苏河、木扎尔特河较多年平均值分别偏多85.47%、39.2%和65.8%。

2024年，全国的生态流量满足程度整体优于2023年。在全国251个生态流量保障目标控制断面中，201个断面的满足程度达到100%，39个断面的满足程度为90%～100%，11个断面的满足程度小于90%。2024年，主要补水河湖周边地下水水位明显回升。华北地区河湖生态环境复苏行动在55条（个）河湖累计生态补水68.05亿m^3，完成年度计划补水量38.61亿m^3的1.8倍；其中，京杭大运河全线贯通补水15.36亿m^3，白洋淀补水（入淀）18.20亿m^3，永定河补水7.94亿m^3。37条（个）补水河湖有水河道总长度为4468.45km、水面总面积为875.22km^2，较2018年（首次补水前）有水河长增加了44.71%、水面面积增加了21.3%。截至2024年底，母亲河复苏行动取得显著成效，88条（个）母亲河（湖）里面的74条河流全线贯通，5条河流增加有水河长和时长，9个湖泊生态水位（水量）得到有效保障，京杭大运河已连续3年全线贯通，永定河实现连续4年全线贯通、连续2年全年全线有水。

五、全国暴雨洪水及干旱概况

2024年，受副热带高压、厄尔尼诺次年共同影响，我国江河洪水早发多发并发、历史罕见。全国共出现 38 次强降水过程，1321 条河流发生超警以上洪水，298 条河流发生超保洪水，67 条河流发生有实测记录以来最大洪水。全国大江大河共发生 26 次编号洪水，为 1998 年有编号洪水统计资料以来最多，珠江流域 4 月 7 日出现首个编号洪水，较常年偏早 2 个月，且珠江流域罕见地发生了 13 次编号洪水。

2024 年 4 月，珠江流域北江发生特大洪水，石角水文站 22 日 8 时还原洪峰流量 19400m^3/s。7 月，长江中下游发生区域性大洪水，鄱阳湖、洞庭湖两湖洪水并发且全过程遭遇，长江中下游干流城陵矶以下至大通河段及两湖湖区全线超警。7 月中上旬，淮河干流发生较大暴雨洪水，21 日蚌埠（吴家渡）站洪峰流量达 8780m^3/s，为 1954 年以来最大，列 1950 年有实测资料以来第 3 位。松辽流域（片）乌苏里江上游发生 2 次有实测记录以来最大洪水。

2024 年，有 9 个台风（含热带风暴）登陆我国，比常年（7.2 个）多 1.8 个。9 月 6 日，第 11 号台风“摩羯”以超强台风强度登陆海南文昌，为 1949 年以来登陆海南的第二强台风（历史最强为 201410 号台风“威马逊”）；受其影响，西江支流郁江贵港水文站 14 日 5 时洪峰水位超警戒水位 2.80m，为 2002 年以来最大洪水。10 月 28 日至 11 月 1 日，受台风“潭美”残余环流和台风“康妮”登陆共同影响，海南万泉河发生特大洪水，干流加积水文站 30 日 16 时 49 分洪峰水位超保证水位 0.34m，洪峰流量（8410m^3/s）列 1951 年有实测记录以来第 2 位。

2024 年极端暴雨洪水事件多发，全国共 103 个县出现日降水量突破历史极值。7 月，湖南资兴龙溪站最大 24h 点降水量为 735.5mm，是湖南有实测记录以来首次出现 24h 600mm 以上极端暴雨；8 月，辽宁多地出现长达 87h 持续性强降雨，葫芦岛建昌县大屯镇马道子站最大 24h 点降水量 622.6mm；受降水和高温融雪共同影响，新疆塔里木河流域有 7 条河流发生超保洪水，塔里木河中游发生有实测资料以来最大洪水，塔克拉玛干沙漠一度出现洪水。

2024 年，全国旱情总体偏轻，区域性、阶段性特征明显。全国相继发生西南地区冬春连旱、华北西北黄淮地区夏旱和西南地区伏秋旱。1—4 月，西南地区降雨持续偏少、库塘蓄水不足，云南、四川等地部分地区发生冬春连旱，旱情持续时间长程度重。5—6 月，华北、黄淮、江淮等地气温持续偏高，土壤失墒加快，河南、山东、安徽、江苏、河北、山西、陕西、甘肃等地发生夏旱，旱情发展快范围广，6 月中下旬雨带北抬，大部分地区旱情逐渐缓解，部分地区出现旱涝急转。8—9 月，川渝和长江中游等地受高温少雨影响，长江干流来水较常年同期偏少 2～4 成，四川、重庆、湖北局地等地出现伏秋旱。9 月中旬至 10 月下旬，长江中下游干流及洞庭湖、鄱阳湖水位一度降至历史同期第 2 低（最低为 2022 年）。

六、主要江河冰凌概况

2024 年度，黄河、黑龙江、辽河整个凌汛期凌情形势平稳，未形成冰塞、冰坝和灾情、险情。2024 年 11—12 月，黄河、黑龙江、辽河干流河段相继封冻，首封日期均较常年偏晚。2025 年 2—3 月，黄河、辽河陆续开河，3—4 月，黑龙江各河段陆续开江，除西辽河支流老哈河开河日期较常年偏晚外，黄河、黑龙江及辽河其余河段开河（江）日期均较常年偏早。黄河干流最大封冻长度为 728.4km，较近 10 年均值偏短约 18%。

尼洋河（廖敏涵 提供）

第一章 降水

一、概述

2024 年，全国平均年降水量为 717.7mm，比 2023 年增加 11.6%，比多年平均值偏多 11.4%。全国 67.1%的面积年降水量比多年平均值偏多，32.9%的面积年降水量比多年平均值偏少。北方区平均年降水量为 398.8mm，比 2023 年增加 13.6%，比多年平均值偏多 21.1%。南方区平均年降水量为 1281.5mm，比 2023 年增加 10.6%，比多年平均值偏多 6.7%。

在 778 处降水量代表站中，36 处代表站的年降水量出现有观测记录以来的最大值，主要分布在松花江区、辽河区、海河区、黄河区、长江区、珠江区和西北诸河区；长江区的总管田站年降水量（582.0mm）出现有观测记录以来的最小值。

二、全国年降水量

2024 年，全国平均年降水量为 717.7mm，空间分布不均。全国 24.2%的面积年降水量小于 200mm，主要分布在西北诸河区西部和北部（除伊犁河流域、阿尔泰山南麓外）；全国 12.9%的面积年降水量介于 200～400mm，主要分布在西北诸河区东部和南部、黄河区兰州至河口镇西部以及松花江区嫩江中部；全国 31.6%的面积年降水量介于 400～800mm，主要分布在松花江区西北大部、辽河区西北部、海河区大部、黄河区黄河源头及其中下游地区、淮河区淮河中游局部、长江区长江上游金沙江段和汉江局部、西南诸河区澜沧江上游以及西北诸河区青海湖水系；全国 31.3%的面积年降水量超过 800mm，主要分布在松花江区东南部、辽河区西南部和东部、海河区东北部、淮河区大部、长江区中部和东部、东南诸河区、珠江区大部以及西南诸河区南部。全国 11.4％的面积年降水量超过 1600mm，主要分布在长江区长江下游南岸、东南诸河区东部、珠江区中部和东部以及西南诸河区南部。2024 年全国年降水量等值线见图 1－1。

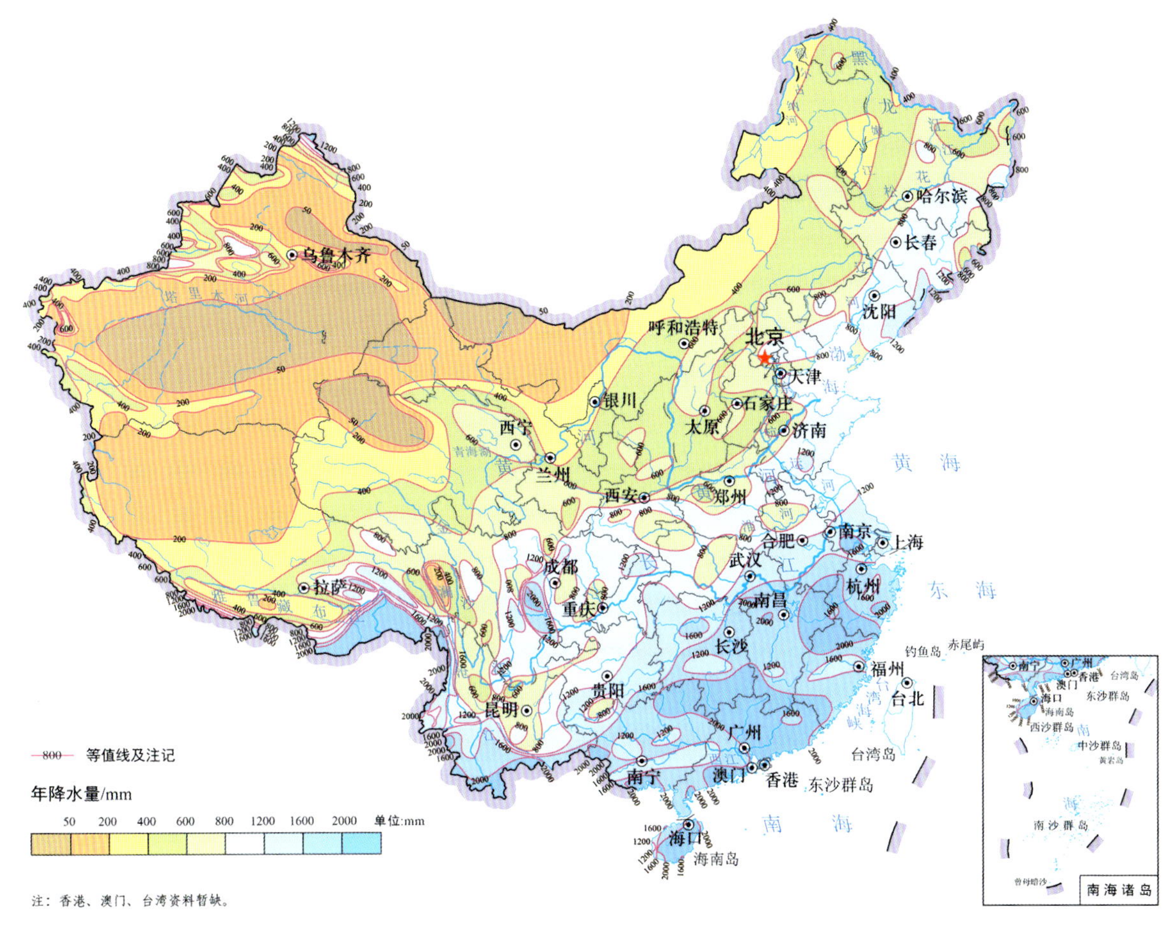

图 1－1　2024 年全国年降水量等值线

全国 67.1％的面积年降水量比多年平均值偏多，其中 8.6％的面积年降水量偏多 50％以上。降水量偏多的地区主要分布在松花江区东部和南部、辽河区大部、海河区北部、黄河区西部和北部、淮河区东部、长江源头区和中下游南部、东南诸河区北部、珠江区北部和海南岛、西南诸河区局部以及西北诸河区东部和西部，其中辽河区北部和黄河区北部的局部地区偏多幅度超过 70％。全国 32.9％的面积年降水量比多年平均值偏少，其中 2.2％的面积年降水量偏少 30％以上。降水量偏少的地区主要分布在松花江区西北部、海河区西南部、黄河区南部、淮河区西南部、长江区西南部和中部、东南诸河区南部、珠江区中部、西南诸河区大部以及西北诸河区中部。2024 年全国年降水量距平等值线见图 1－2。

2024 年，全国一级区之间年降水量差异较大，其中东南诸河区年降水量达 1890.5mm，西北诸河区年降水量仅为 198.7mm。2024 年各一级区年平均降水量及其与 2023 年和多年平均值比较情况见表 1－1。

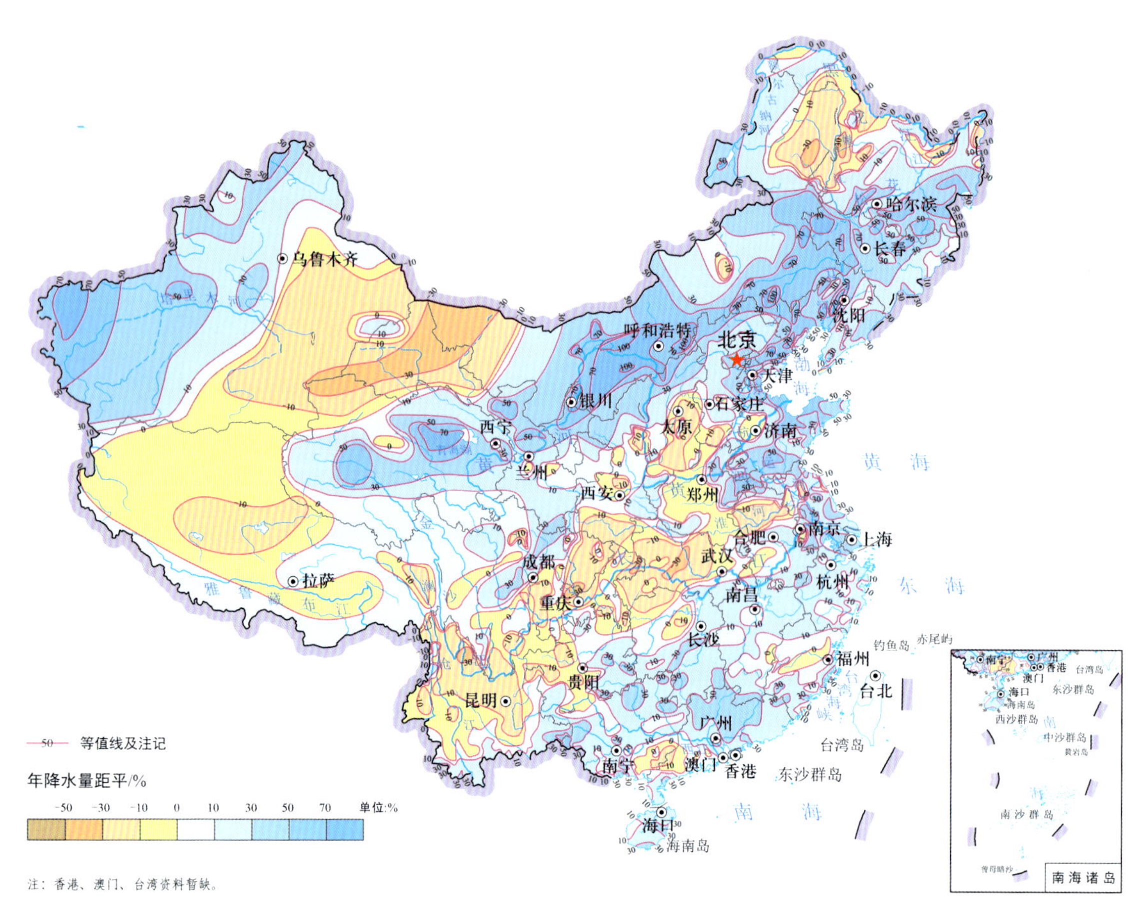

图 1－2　2024 年全国年降水量距平等值线

表 1－1　　2024 年一级区年平均降水量及其与 2023 年和多年平均值比较

一　级　区	年降水量 /mm	与 2023 年比较 /%	与多年平均值比较 /%
全国	717.7	11.6	11.4
松花江区	592.6	3.1	18.2
辽河区	764.2	43.1	43.1
海河区	649.5	6.7	23.2
黄河区	537.6	9.4	18.9
其中：上游	502.5	19.5	26.8
中游	573.0	−1.8	9.4
下游	790.7	4.1	23.2
淮河区	970.0	4.5	15.7
长江区	1124.4	5.3	4.0
其中：上游	859.9	−0.1	−2.5
中游	1446.5	8.8	8.0
下游	1468.0	13.5	17.5

续表

一　级　区	年降水量 /mm	与 2023 年比较 /%	与多年平均值比较 /%
其中：太湖流域	1518.6	18.4	25.9
东南诸河区	1890.5	22.8	12.4
珠江区	1837.3	24.0	18.0
西南诸河区	1082.7	4.7	−0.8
西北诸河区	198.7	25.6	20.4

注：多年平均值采用 1956—2016 年系列。

与 2023 年相比，2024 年北方区平均降水量增加 13.6%，南方区平均降水量增加 10.6%。各一级区年降水量均有所增加，其中辽河区、西北诸河区、珠江区、东南诸河区分别增加 43.1%、25.6%、24.0%、22.8%。

与多年平均值相比，2024 年北方区平均降水量偏多 21.1%，南方区平均降水量偏多 6.7%。辽河区、海河区、西北诸河区、黄河区、松花江区、珠江区、淮河区、东南诸河区、长江区 9 个一级区年降水量偏多，其中辽河区、海河区、西北诸河区分别偏多 43.1%、23.2%、20.4%；西南诸河区年降水量偏少 0.8%。辽河区年降水量达到 1956 年以来的最大值；黄河区、松花江区、辽河区、海河区年降水量已分别连续 9 年、7 年、6 年、5 年高于多年平均值，其中松花江区已连续 7 年年降水量均超过多年平均值 10%以上；西南诸河区连续 6 年年降水量低于或基本持平多年平均值。

三、代表站降水量

综合考虑降水量站观测资料系列的长度与完整性以及在空间上的代表性，在各一级区共选定 778 处降水量代表站，分析 2024 年降水丰枯状况、逐月降水过程及其与历史的对比，并统计 2024 年实测最大 1h、6h、1d、3d、7d、15d、30d 降水量情况。

在全部降水量代表站中，年降水量最大的是广西壮族自治区防城港市防城镇那八角村的防城站（4219.5mm），年降水量最小的是青海省都兰县的诺木洪站（42.5mm）。年降水频率属于枯水年、偏枯年、平水年、偏丰年、丰水年的降水量代表站个数占比分别为 4.6%、13.9%、19.3%、33.5%、28.7%。2024 年全国降水量代表站年降水量及丰枯情势见图 1-3。

松花江区、辽河区、海河区、黄河区、长江区、珠江区、西北诸河区共有 36 处代表站的年降水量出现有观测记录（大多数在 60 年以上）以来的最大值。黄河区内蒙古自治区乌拉特前旗沙盖补隆站 2024 年降水量为 348.2mm，比多年平均值偏多 196.1%，列有观测资料 46 年以来的第 1 位，8 月、9 月、10 月降水量分别达到同期多年平均降水量的 4.2 倍、6.1 倍和 5.2 倍。珠江区防城站 2024 年降水量为 4219.5mm，比多年平均值偏多 56.8%，列有观测资料 72 年以来的第 1 位，5 月、6 月、7 月降水量均在 700mm 以上，其中 6 月单月降水量高达 1186mm。

长江区云南省永胜县总管田站年降水量出现有观测记录以来的最小值，为 582.0mm，

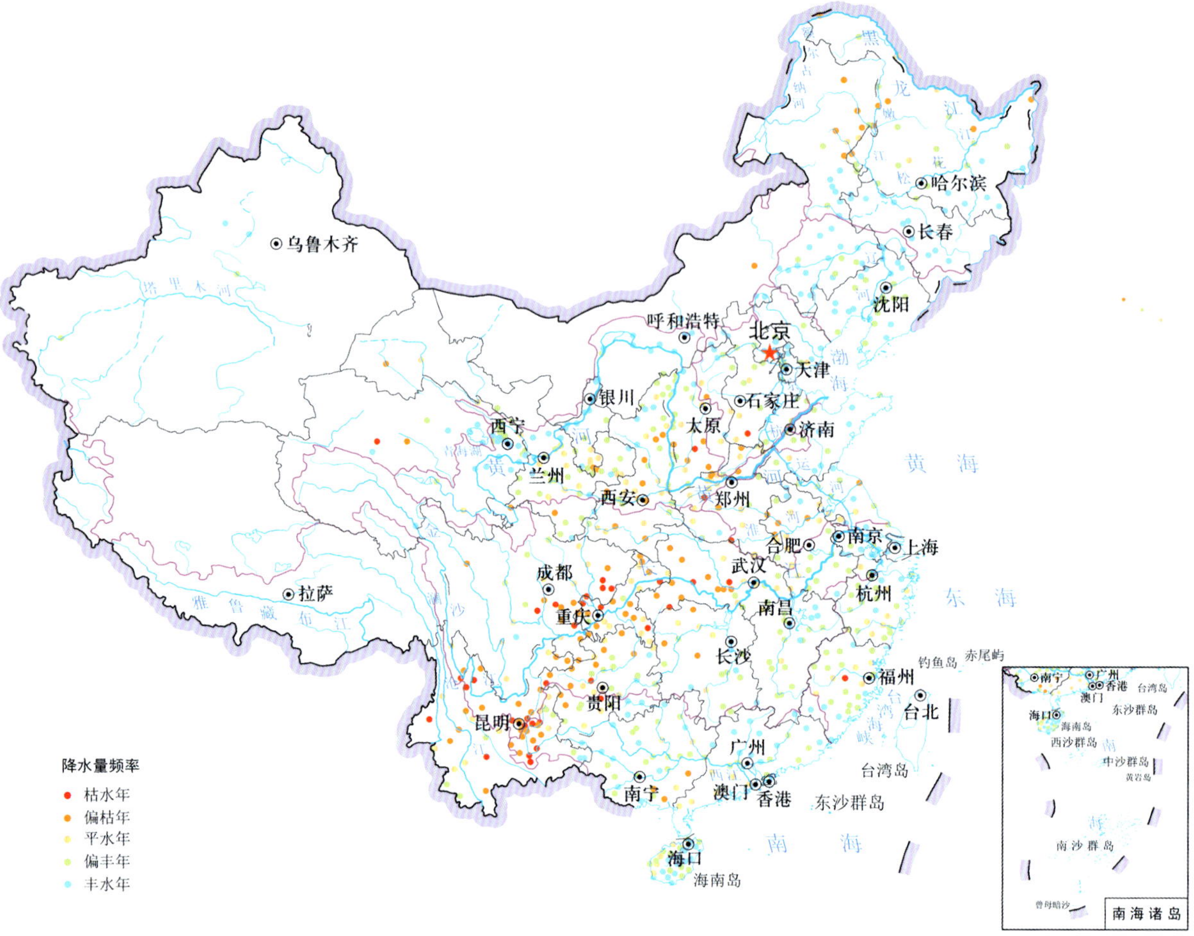

注：1. 香港、澳门、台湾资料暂缺。
2. 按年降水频率分为枯水年（$P>87.5\%$）、偏枯年（$62.5\%<P\leqslant87.5\%$）、平水年（$37.5\%<P\leqslant62.5\%$）、偏丰年（$12.5\%<P\leqslant37.5\%$）、丰水年（$P\leqslant12.5\%$）五级。

图 1－3　2024 年全国降水量代表站年降水量及丰枯分布

较多年平均值偏少 35.5%，其中除 11 月偏丰外，其他月份降水量较同期多年平均值偏少幅度均在 10%以上。

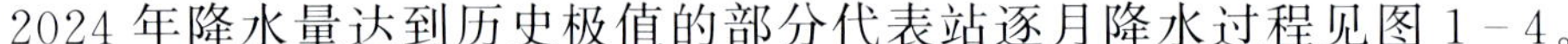

2024 年降水量达到历史极值的部分代表站逐月降水过程见图 1－4。

（a）历史极大值降水量代表站-珠江区防城站　（b）历史极小值降水量代表站-长江区总管田站

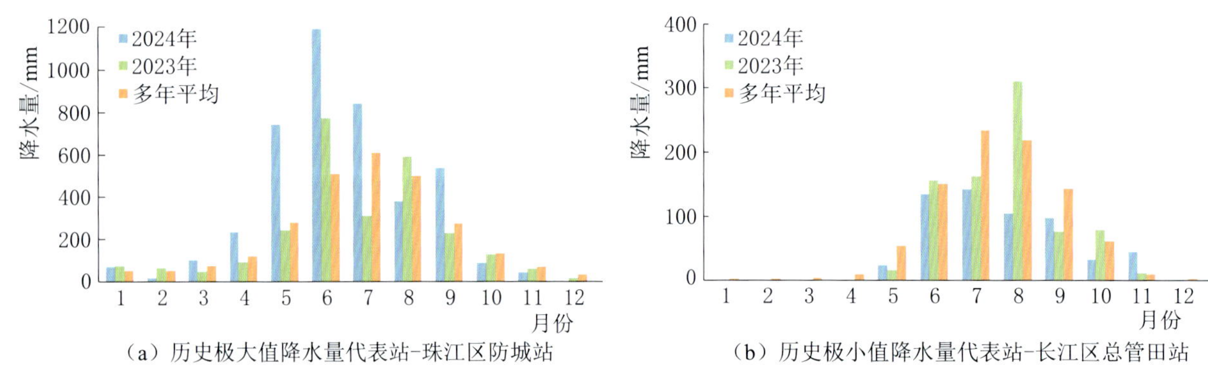

图 1－4　部分代表站 2024 年、2023 年及逐月多年平均降水过程

2024年，松花江区年降水频率属于枯水、偏枯、平水、偏丰、丰水的降水量代表站个数占比分别为0.0%、19.7%、8.2%、29.5%、42.6%，站点年降水量与多年平均值相比变化幅度为－37%～104%。代表站连续最大4个月降水量占全年降水量的比例为57%～95%，其发生时间多集中在5—8月或6—9月，松花江区部分代表站逐月降水量见图1-5。松花江区2024年特征时段最大降水量见表1-2。

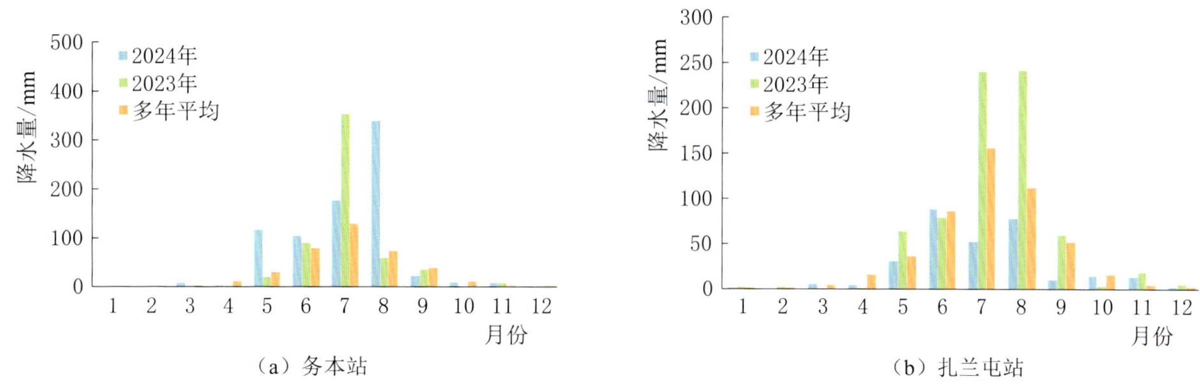

图1-5 松花江区部分代表站2024年、2023年及逐月多年平均降水
（左图为2024年与多年平均值偏多幅度最大的代表站，
右图为2024年与多年平均值偏少幅度最大的代表站，下同）

表1-2 松花江区2024年特征时段最大降水量

历时	站名	降水量/mm	水系	出现（开始）时间	地点
1h	巴雅尔吐胡硕	64.1	松花江水系	7月22日	内蒙古自治区扎鲁特旗巴雅尔吐胡硕镇
6h	五岔沟	77.9	松花江水系	7月26日	内蒙古自治区阿尔山市五岔沟镇
1d	杜尔基	133.6	松花江水系	8月10日	内蒙古自治区突泉县杜尔基镇付家屯
3d	阿拉坦花	180.8	松花江水系	7月25日	内蒙古自治区扎赉特旗胡尔勒镇阿拉坦花
7d	保隆	255.4	松花江水系	7月22日	内蒙古自治区科尔沁右翼前旗科尔沁镇保隆村
15d	杜尔基	310.1	松花江水系	8月10日	内蒙古自治区突泉县杜尔基镇付家屯
30d	保隆	534.5	松花江水系	7月22日	内蒙古自治区科尔沁右翼前旗科尔沁镇保隆村

2024年，辽河区年降水频率属于枯水、偏枯、平水、偏丰、丰水的降水量代表站个数占比分别为0.0%、0.0%、0.0%、32.0%、68.0%，站点年降水量与多年平均值相比变化幅度为9%～89%。代表站连续最大4个月降水量占全年降水量的比例为71%～91%，其发生时间多集中在5—8月或6—9月，辽河区部分代表站逐月降水量见图1-6。辽河区2024年特征时段最大降水量见表1-3。

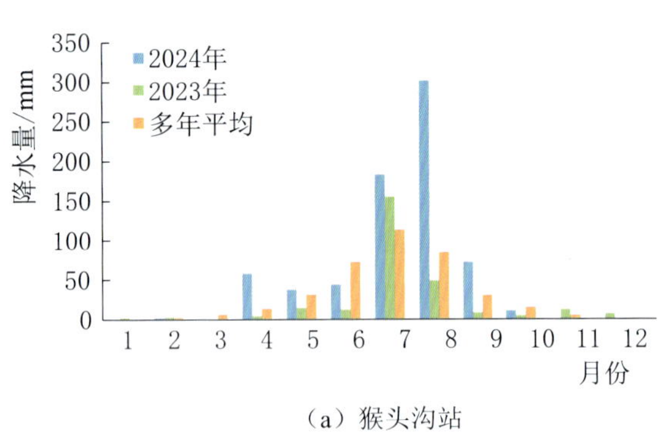

(a) 猴头沟站

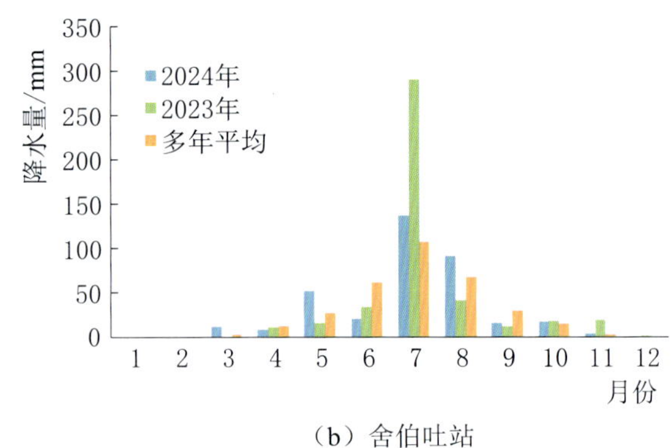

(b) 舍伯吐站

图 1-6 辽河区部分代表站 2024 年、2023 年及逐月多年平均降水

表 1-3 辽河区 2024 年特征时段最大降水量

历时	站名	降水量/mm	水系	出现（开始）时间	地点
1h	马道子	118.0	辽东湾西部沿渤海诸河水系	8月19日	辽宁省葫芦岛市建昌县大屯镇马道子村
6h	马道子	336.5	辽东湾西部沿渤海诸河水系	8月19日	
1d	马道子	512.5	辽东湾西部沿渤海诸河水系	8月19日	
3d	马道子	630.0	辽东湾西部沿渤海诸河水系	8月19日	
7d	马道子	635.5	辽东湾西部沿渤海诸河水系	8月18日	
15d	马道子	685.5	辽东湾西部沿渤海诸河水系	8月9日	
30d	马道子	937.0	辽东湾西部沿渤海诸河水系	7月23日	

2024 年，海河区年降水频率属于枯水、偏枯、平水、偏丰、丰水的降水量代表站个数占比分别为 2.2%、4.4%、20.0%、40.0%、33.4%，站点年降水量与多年平均值相比变化幅度为−39%～84%。代表站连续最大 4 个月降水量占全年降水量的比例为 65%～91%，其发生时间多集中在 5—10 月范围内，海河区部分代表站逐月降水量见图 1-7。海河区 2024 年特征时段最大降水量见表 1-4。

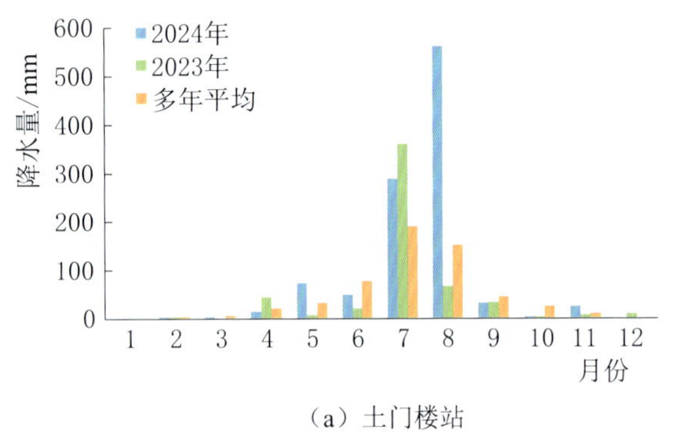

(a) 土门楼站

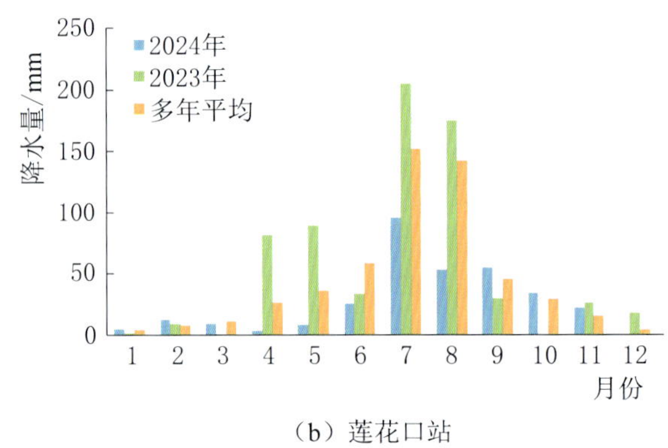

(b) 莲花口站

图 1-7 海河区部分代表站 2024 年、2023 年及逐月多年平均降水

表 1-4 海河区 2024 年特征时段最大降水量

历时	站名	降水量/mm	水系	出现（开始）时间	地点
1h	大庄子	102.6	漳卫南运河水系	8月26日	天津市静海县中旺镇大庄子村
6h	祖山旅游区	252.5	滦河冀东沿海	8月20日2时	河北省秦皇岛市青龙满族自治县祖山镇祖山风景区
1d	祖山旅游区	327.5	滦河冀东沿海	8月19日	
3d	祖山旅游区	454.5	滦河冀东沿海	8月18日	
7d	祖山旅游区	541.5	滦河冀东沿海	8月17日	
15d	祖山旅游区	706.5	滦河冀东沿海	8月9日	
30d	祖山旅游区	1013.5	滦河冀东沿海	7月24日	

2024 年，黄河区年降水频率属于枯水、偏枯、平水、偏丰、丰水的降水量代表站个数占比分别为 1.2%、10.3%、23.6%、36.4%、28.5%，站点年降水量与多年平均值相比变化幅度为－33%～196%。代表站连续最大 4 个月降水量占全年降水量的比例为 52%～91%，其发生时间多集中在 6—9 月或 7—10 月，黄河区部分代表站逐月降水量见图 1-8。黄河区 2024 年特征时段最大降水量见表 1-5。

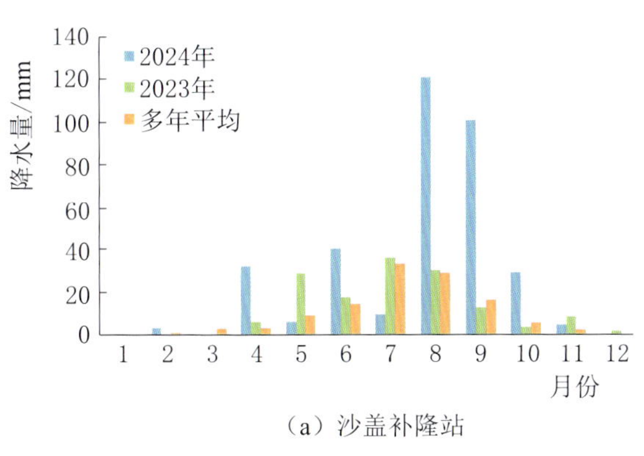

（a）沙盖补隆站

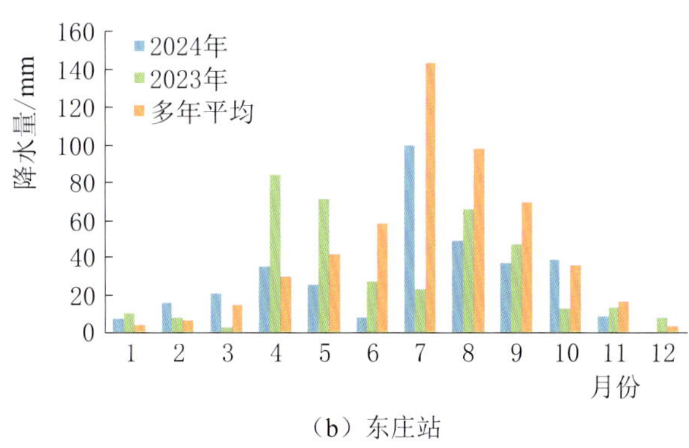

（b）东庄站

图 1-8 黄河区部分代表站 2024 年、2023 年及逐月多年平均降水

表 1-5 黄河区 2024 年特征时段最大降水量

历时	站名	降水量/mm	水系	出现（开始）时间	地点
1h	草碧	109.2	渭河水系	7月23日	陕西省千阳县草碧乡草碧镇
6h	戴村坝	223.0	大汶河水系	7月19日	山东省东平县彭集镇陈流泽村
1d	戴村坝	262.0	大汶河水系	7月19日	
3d	上关	281.0	渭河水系	7月22日	甘肃省华亭县上关镇
7d	大羊集	297.0	大汶河水系	7月15日	山东省东平县大羊乡大羊集村
15d	大羊集	495.0	大汶河水系	7月15日	
30d	大羊集	674.5	大汶河水系	6月30日	

2024年，淮河区年降水频率属于枯水、偏枯、平水、偏丰、丰水的降水量代表站个数占比分别为2.1%、14.9%、29.8%、27.7%、25.5%，站点年降水量与多年平均值相比变化幅度为−28%～76%。代表站连续最大4个月降水量占全年降水量的比例为52%～86%，其发生时间多集中在6—9月或7—10月，淮河区部分代表站逐月降水量见图1-9。淮河区2024年特征时段最大降水量见表1-6。

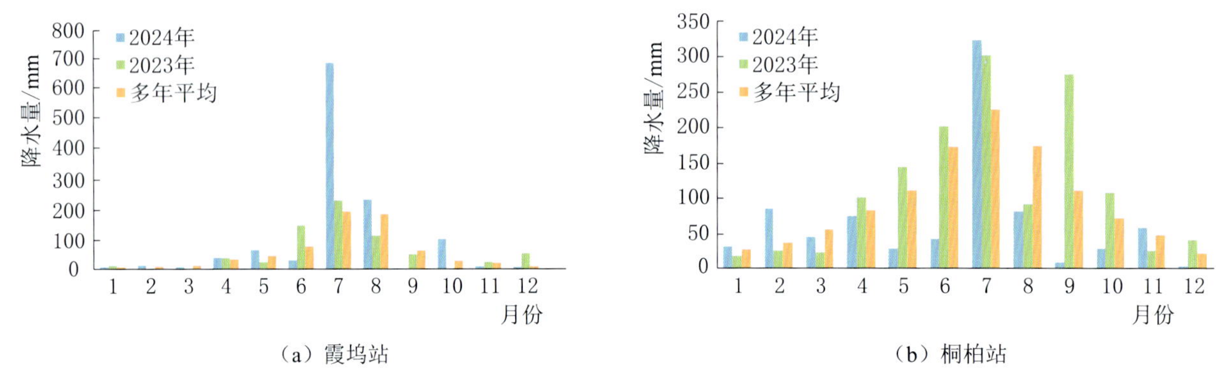

图1-9　淮河区部分代表站2024年、2023年及逐月多年平均降水

表1-6　淮河区2024年特征时段最大降水量

历时	站名	降水量/mm	水　系	出现（开始）时间	地　　点
1h	沈灶	94.2	淮河洪泽湖以下里下河暨渠北区水系	8月21日	江苏省盐城市大丰市万盈镇
6h	穆集	301.0	淮河洪泽湖以上暨白马高宝湖区水系	9月18日	安徽省宿州市萧县圣泉乡穆集村
1d	穆集	452.0	淮河洪泽湖以上暨白马高宝湖区水系	9月17日	
3d	曹庄	535.5	淮河洪泽湖以上暨白马高宝湖区水系	9月17日	安徽省宿州市砀山县曹庄镇
7d	洙边	578.5	沂沭泗水系	7月2日	山东省莒南县洙边镇洙边村
15d	许家崖水库	792.5	沂沭泗水系	7月5日	山东省临沂市费县费城镇许家崖水库
30d	燕子河	1077.0	淮河洪泽湖以上暨白马高宝湖区水系	6月18日	安徽省六安市金寨县燕子河镇

2024年，长江区年降水频率属于枯水、偏枯、平水、偏丰、丰水的降水量代表站个数占比分别为10.2%、24.9%、22.0%、28.3%、14.6%，站点年降水量与多年平均值相比变化幅度为−43%～57%。代表站连续最大4个月降水量占全年降水量的比例为49%～84%，中下游地区多集中在3—8月范围内，上游地区多集中在5—10月范围内，长江区部分代表站逐月降水量见图1-10。长江区2024年特征时段最大降水量见表1-7。

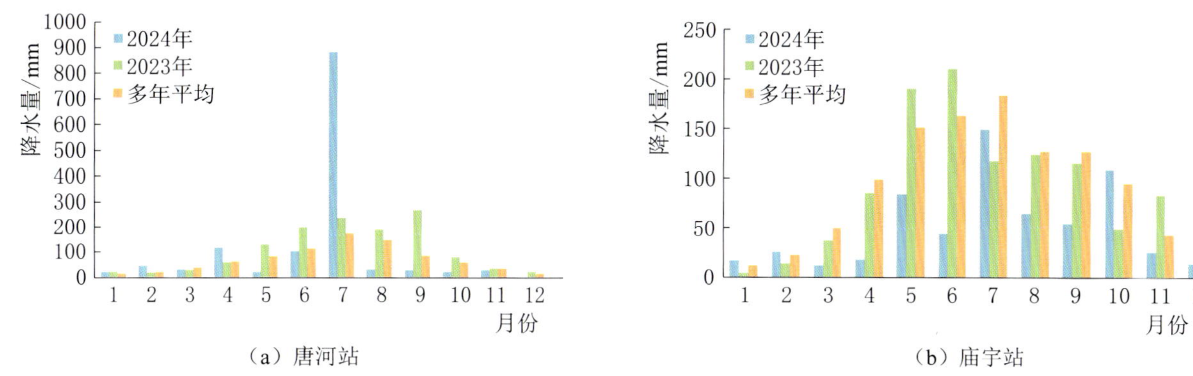

（a）唐河站　（b）庙宇站

图 1-10　长江区部分代表站 2024 年、2023 年及逐月多年平均降水

表 1-7　长江区 2024 年特征时段最大降水量

历时	站名	降水量/mm	水　系	出现（开始）时间	地　点
1h	石螺山	131.0	洞庭湖水系	7 月 28 日	湖南省长沙市宁乡市灰汤镇螺山村
6h	龙溪	467.0	洞庭湖水系	7 月 27 日	湖南省资兴市白廊镇下洞村
1d	龙溪	580.5	洞庭湖水系	7 月 26 日	
3d	龙溪	800.5	洞庭湖水系	7 月 25 日	
7d	龙溪	825.0	洞庭湖水系	7 月 25 日	
15d	黄山	950.5	鄱阳湖以下长江干流水系	6 月 18 日	安徽省黄山市黄山风景区温泉
30d	龙溪	1061.5	洞庭湖水系	7 月 24 日	湖南省资兴市白廊镇下洞村

2024 年，东南诸河区年降水频率属于枯水、偏枯、平水、偏丰、丰水的降水量代表站个数占比分别为 2.0%、0.0%、22.4%、57.1%、18.4%，站点年降水量与多年平均值相比变化幅度为－22%～38%。代表站连续最大 4 个月降水量占全年降水量的比例为 42%～74%，其发生时间多集中在 3—7 月范围内，东南诸河区部分代表站逐月降水量见图 1-11。东南诸河区 2024 年特征时段最大降水量见表 1-8。

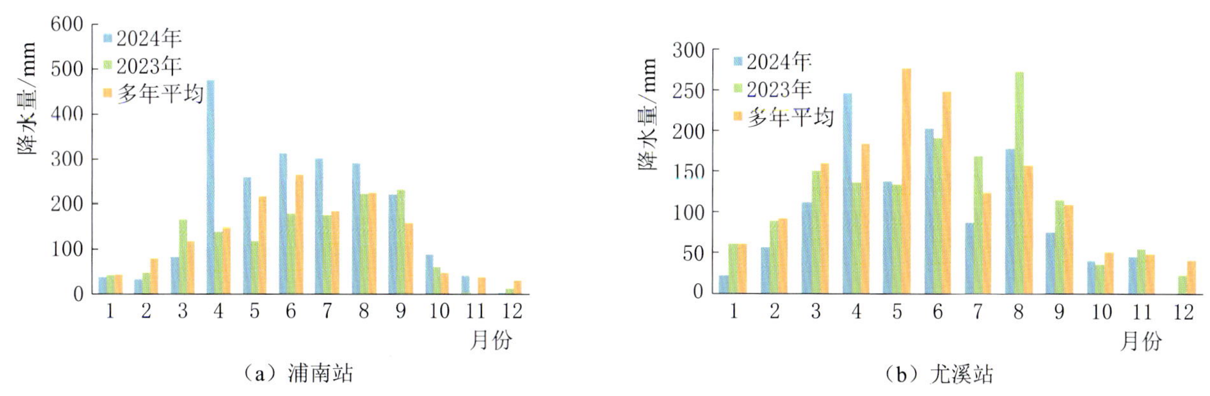

（a）浦南站　（b）尤溪站

图 1-11　东南诸河区部分代表站 2024 年、2023 年及逐月多年平均降水

表 1-8　　东南诸河区 2024 年特征时段最大降水量

历时	站名	降水量/mm	水　系	出现（开始）时间	地　　点
1h	古雷	91.0	福建沿海诸河水系	8 月 20 日	福建省漳浦县古雷开发区汕尾村
6h	古雷	227.5	福建沿海诸河水系	8 月 19 日	
1d	水门	376.0	福建沿海诸河水系	7 月 25 日	福建省霞浦县水门乡水门村
3d	峰文	702.0	福建沿海诸河水系	7 月 24 日	浙江省泰顺县彭溪镇峰文办事处
7d	坳头	864.5	闽江水系	6 月 11 日	福建省建阳市黄坑镇坳头村
15d	坳头	1194.5	闽江水系	6 月 5 日	
30d	坳头	1487.0	闽江水系	5 月 20 日	

2024 年，珠江区年降水频率属于枯水、偏枯、平水、偏丰、丰水的降水量代表站个数占比分别为 5.8%、10.0%、15.8%、35.0%、33.4%，站点年降水量与多年平均值相比变化幅度为−40%～62%。代表站连续最大 4 个月降水量占全年降水量的比例为 55%～82%，其发生时间多集中在 4—10 月范围内，东部部分站点集中在 4—7 月或 5—8 月，西部部分站点集中在 5—8 月或 6—9 月，海南岛部分站点集中在 7—10 月，珠江区部分代表站逐月降水量见图 1-12。珠江区 2024 年特征时段最大降水量见表 1-9。

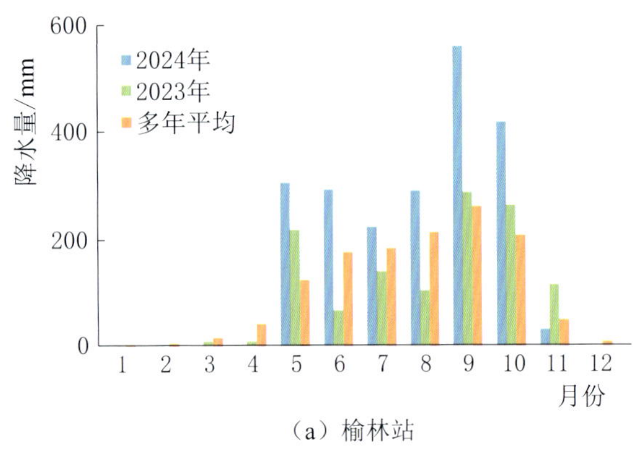

（a）榆林站

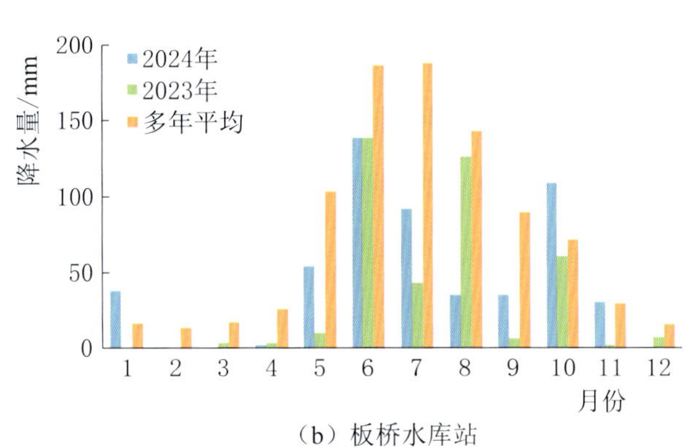

（b）板桥水库站

图 1-12　珠江区部分代表站 2024 年、2023 年及逐月多年平均降水

表 1-9　　珠江区 2024 年特征时段最大降水量

历时	站名	降水量/mm	水　系	出现（开始）时间	地　　点
1h	龙门	164.0	桂南沿海诸河	5 月 19 日	广西壮族自治区钦州市钦南区龙门港镇码头
6h	神湾	454.0	珠江三角洲水系	5 月 4 日	广东省中山市神湾镇神溪村
1d	龙门	540.0	桂南沿海诸河	5 月 19 日	广西壮族自治区钦州市钦南区龙门港镇码头

续表

历时	站名	降水量/mm	水　系	出现（开始）时间	地　　点
3d	板八	1026.0	桂南沿海诸河	9月7日	广西壮族自治区防城港市防城区垌中镇板八村
7d	板八	1133.0	桂南沿海诸河	9月5日	
15d	板八	1176.0	桂南沿海诸河	8月31日	
30d	砚田	1649.5	西江水系	6月4日	广西壮族自治区桂林市兴安县溶江镇砚田村

2024年，西南诸河区年降水频率属于枯水、偏枯、平水、偏丰、丰水的降水量代表站个数占比分别为13.3%、26.7%、40.0%、20.0%、0%，站点年降水量与多年平均值相比变化幅度为−27%～12%。代表站连续最大4个月降水量占全年降水量的比例为62%～95%，其发生时间多集中在5—8月或6—9月，西南诸河区部分代表站逐月降水量见图1-13。

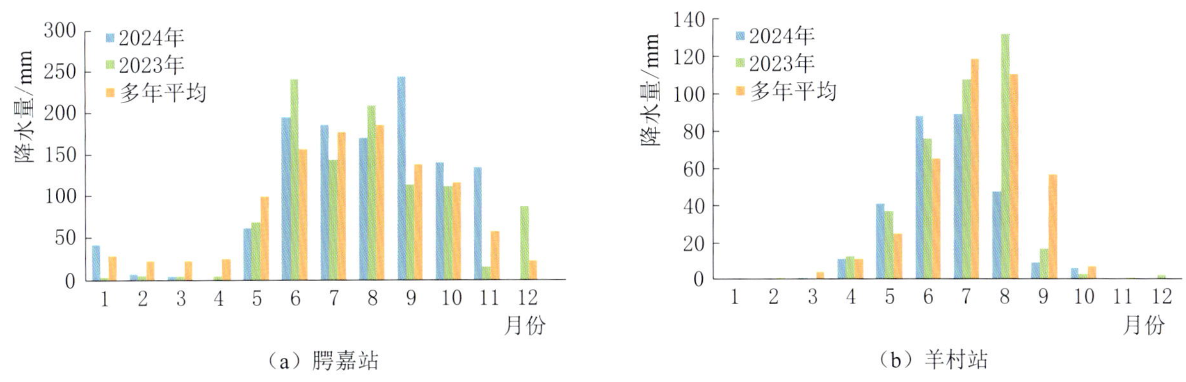

图1-13　西南诸河区部分代表站2024年、2023年及逐月多年平均降水

2024年，西北诸河区年降水频率属于枯水、偏枯、平水、偏丰、丰水的降水量代表站个数占比分别为4.8%、14.3%、9.5%、23.8%、47.6%，站点年降水量与多年平均值相比变化幅度为−32%～91%。代表站连续最大4个月降水量占全年降水量的比例为53%～100%，其发生时间多集中在5—10月范围内，西北诸河区部分代表站逐月降水量见图1-14。西北诸河区2024年特征时段最大降水量见表1-10。

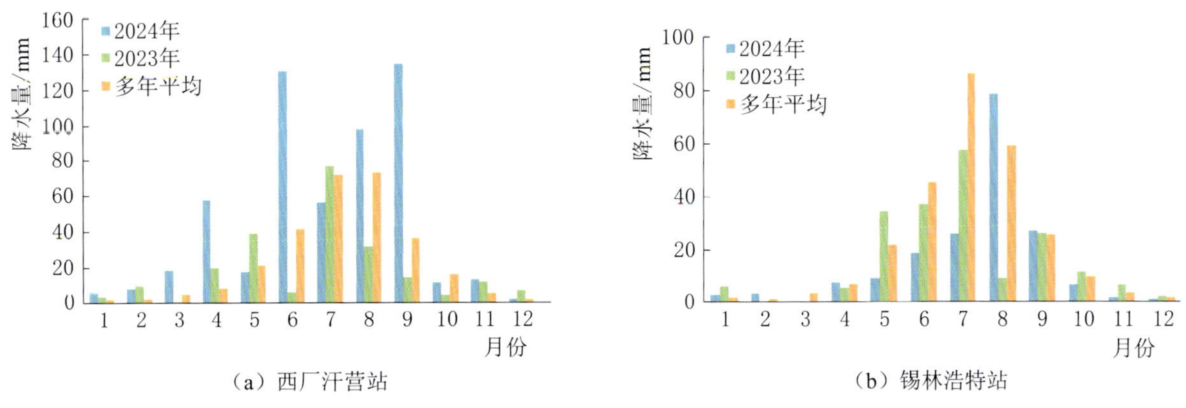

图1-14　西北诸河区部分代表站2024年、2023年及逐月多年平均降水

表 1-10　西北诸河区 2024 年特征时段最大降水量

历时	站名	降水量/mm	水　系	出现（开始）时间	地　点
1h	布哈河口	56.3	柴达木内流诸河水系	6 月 16 日	青海省刚察县泉吉乡立新村
6h	黄土梁子	93.6	河西走廊暨阿拉善内流诸河水系	8 月 24 日	内蒙古自治区阿拉善盟阿拉善左旗巴彦浩特镇贺兰山保护区
1d	黄土梁子	106.0	河西走廊暨阿拉善内流诸河水系	8 月 24 日	内蒙古自治区阿拉善盟阿拉善左旗巴彦浩特镇贺兰山保护区
3d	红泥井	147.4	内蒙古东部高原内流诸河水系	8 月 8 日	内蒙古自治区包头市固阳县西斗铺镇大东壕村
7d	布哈河口	165.5	柴达木内流诸河水系	9 月 15 日	青海省刚察县泉吉乡立新村
15d	红泥井	226.3	内蒙古东部高原内流诸河水系	7 月 28 日	内蒙古自治区包头市固阳县西斗铺镇大东壕村
30d	布哈河口	283.0	柴达木内流诸河水系	8 月 23 日	青海省刚察县泉吉乡立新村

扬帆太湖（陈甜　提供）

第二章 蒸发

一、概述

2024 年，全国平均年蒸发量为 947.3mm，比 2023 年减少 2.6%，比多年平均值偏少 14.3%。年蒸发量最高值在内蒙古西北部，最低值在松花江区大兴安岭北部。与 2023 年相比，辽河区、海河区、西北诸河区平均年蒸发量减少，辽河区减少最多，为 8.5%；其他 7 个一级区基本持平。与多年平均值相比，松花江区、辽河区、海河区、黄河区、珠江区、西北诸河区 6 个一级区平均年蒸发量偏少，西北诸河区偏少最多，为 25.4%；其他 4 个一级区基本持平。

二、全国年蒸发量

2024 年，全国平均年蒸发量为 947.3mm。年蒸发量空间分布不均，全国 22.7%的面积年蒸发量小于 800mm，主要分布在松花江区、辽河区东部、长江区中部，其中长江区中部年蒸发量约为 700～800mm，松花江区大兴安岭北部不足 400mm。全国 57.3%的面积年蒸发量介于 800～1200mm，主要分布在辽河区西部、海河区、淮河区、黄河中下游、长江下游、三江源源区、东南诸河区、珠江区西江中下游、西南诸河区、西北诸河北部和南部。全国 20.1%的面积年蒸发量大于 1200mm，主要分布在西北诸河区的高原和盆地、青藏高原雅鲁藏布江中部以及云南中西部的河谷地区。2024 年全国年蒸发量等值线见图 2-1。

2024 年，全国一级区之间年蒸发量差异较大，其中西南、西北诸河区年蒸发量分别为 1098.7mm、1073.9mm，松花江区、辽河区年蒸发量分别为 583.2mm、756.7mm。2024 年各一级区年蒸发量及

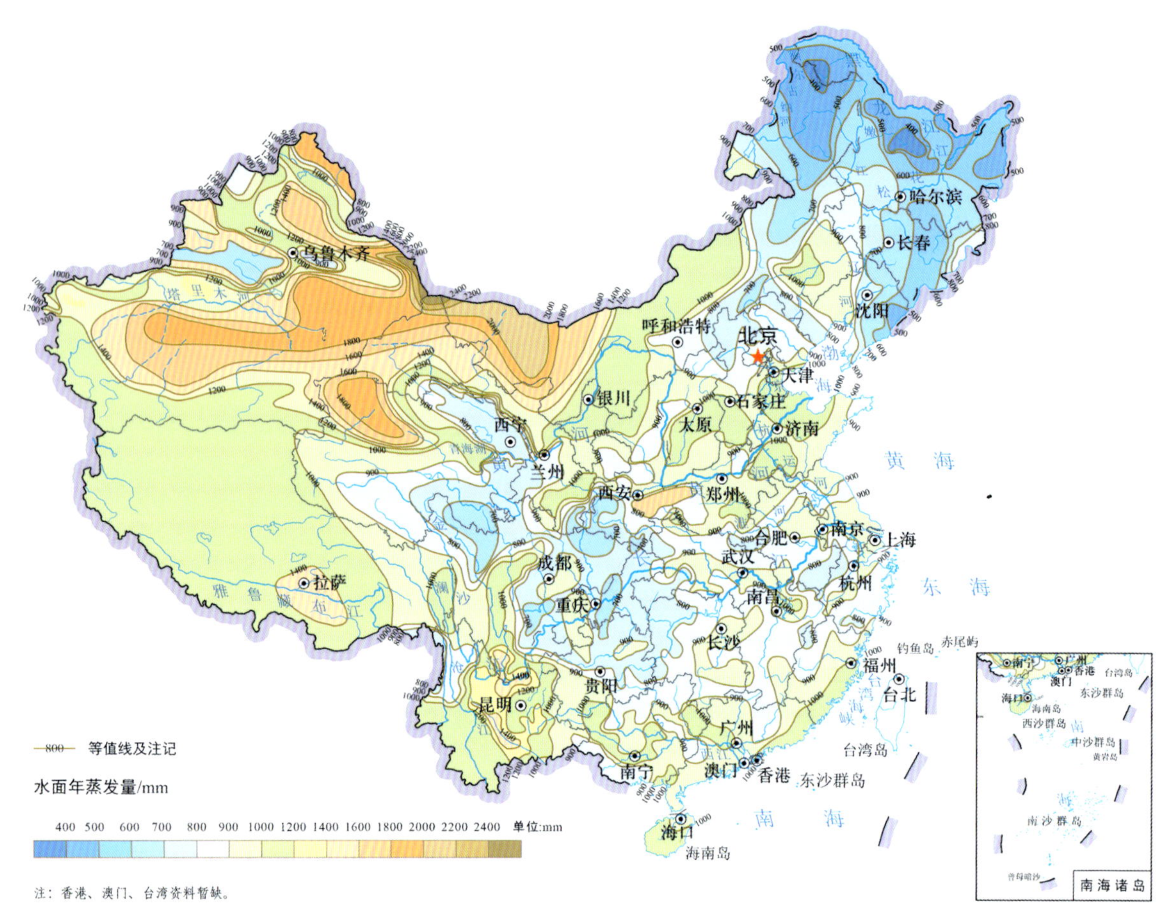

图 2-1　2024 年全国年蒸发量等值线

其与 2023 年和多年平均值比较见表 2-1。

表 2-1　2024 年一级区年蒸发量及其与 2023 年和多年平均值比较

一级区	年蒸发量/mm	与 2023 年比较/%	与多年平均值比较/%
全国	947.3	−2.6	−14.3
松花江区	583.2	−3.1	−19.0
辽河区	775.5	−8.5	−11.8
海河区	928.2	−6.8	−13.2
黄河区	918.0	−3.0	−12.0
淮河区	940.6	2.4	−1.4
长江区	846.6	1.3	0.7
其中：太湖流域	868.6	4.9	8.6
东南诸河区	893.8	1.0	−2.7
珠江区	950.3	−1.8	−8.9
西南诸河区	1098.7	−3.2	−3.8
西北诸河区	1073.9	−6.7	−25.4

注：多年平均值采用 1980—2000 年系列。

与2023年相比，2024年辽河区、海河区、西北诸河区年蒸发量分别减少8.5%、6.8%和6.7%，其他7个一级区基本持平。

与多年平均值相比，2024年西北诸河区、松花江区、海河区、黄河区、辽河区、珠江区6个一级区年蒸发量分别偏少25.4%、19.0%、13.2%、12.0%、11.8%和8.9%，其他4个一级区基本持平。

三、代表站蒸发量

综合考虑蒸发站观测资料系列的长度与完整性，以及在空间上的代表性，在各一级区共选定138处蒸发站作为代表站，统计2024年逐月蒸发过程，并与历史蒸发情况进行比较。

在全部蒸发代表站中，年蒸发量最大的是西北诸河区新疆维吾尔自治区巴音郭楞蒙古自治州的且末站，为2105.9mm，年蒸发量最小的是松花江区黑龙江省伊春市的伊春站，为293.0mm。与2023年值相比，西北诸河区他什店站增加最多，为34.2%；西北诸河区昌马堡站减少最多，为32.6%。与多年平均值相比，西北诸河区他什店站偏多最多，为41.6%，辽河区通辽站偏少最多，为40.0%。2024年代表站蒸发量与2023年蒸发量比较见图2-2，2024年全国代表站蒸发量与多年平均值（建站至2020年）比较见图2-3。

图2-2 2024年代表站蒸发量与2023年蒸发量偏差百分比

注：香港、澳门、台湾资料暂缺。

图 2-3 2024 年代表站蒸发量距平

全国各一级区代表站年蒸发量与 2023 年相比：松花江区变化幅度为－15.6%～12.2%，除小二沟站增加 12.2%、太平湖水库站增加 2.7%外，其余站均减少，其中下岱吉站减少 15.6%。与多年平均值相比，变化幅度为－34.0%～8.8%，其中文得根站、石灰窑站偏多 8.8%和 7.3%，太平湖水库站、铁力站偏少 34.0%和 20.2%。松花江区部分代表站逐月蒸发量见图 2-4。

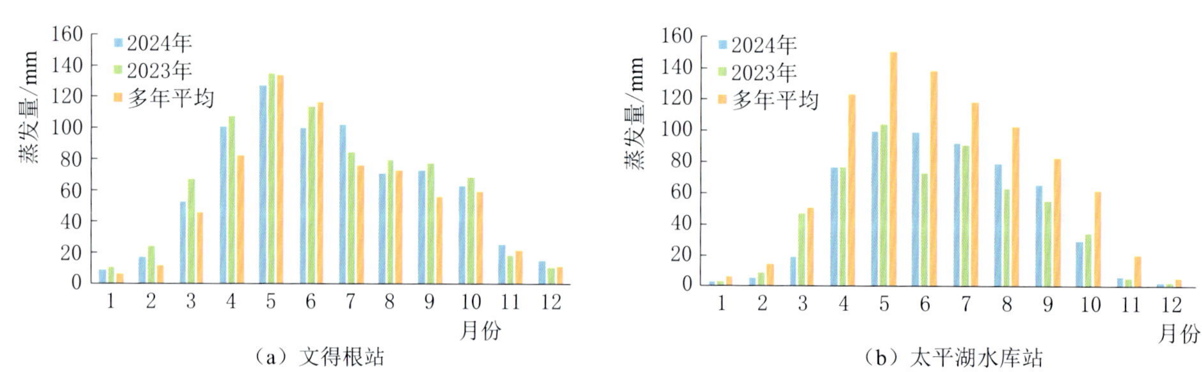

图 2-4 松花江区部分代表站 2024 年、2023 年及逐月多年平均蒸发量
（左图为 2024 年与多年平均值偏多幅度最大的代表站，
右图为 2024 年与多年平均值偏少幅度最大的代表站，下同）

辽河区变化幅度为－20.1％～3.7％，除营盘站增加3.7％外，其余站均减少，其中叶柏寿站减少20.1％。与多年平均值相比，变化幅度为－40.0％～15.9％，其中，台安站增加15.9％，通辽站、叶柏寿站偏少40.0％和32.8％。辽河区部分代表站逐月蒸发量见图2－5。

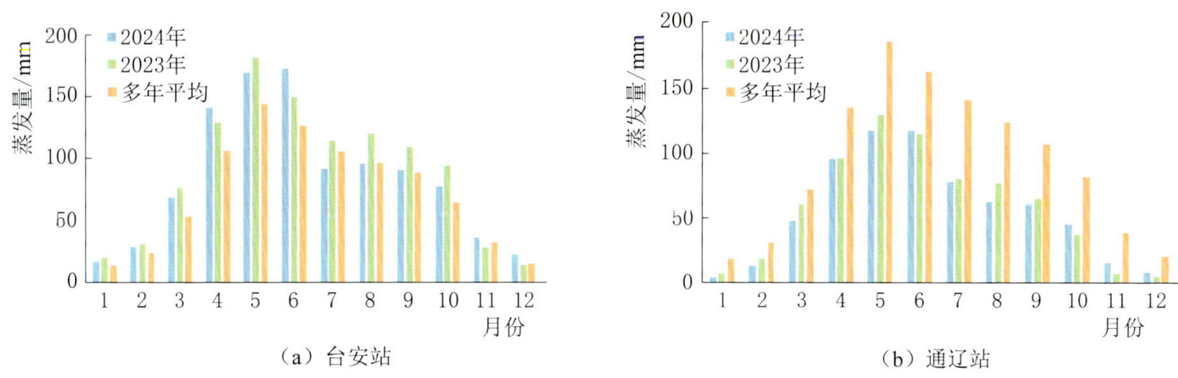

图2－5　辽河区部分代表站2024年、2023年及逐月多年平均蒸发量

海河区变化幅度为－14.6％～－2.1％，各代表站均减少，其中孤山（河道二）站减少14.6％。与多年平均值相比，变化幅度为－29.7％～14.5％，其中宽城站、苏庄站偏多14.5％和13.6％，兴和站、朱庄水库偏少29.7％和13.3％。海河区部分代表站逐月蒸发量见图2－6。

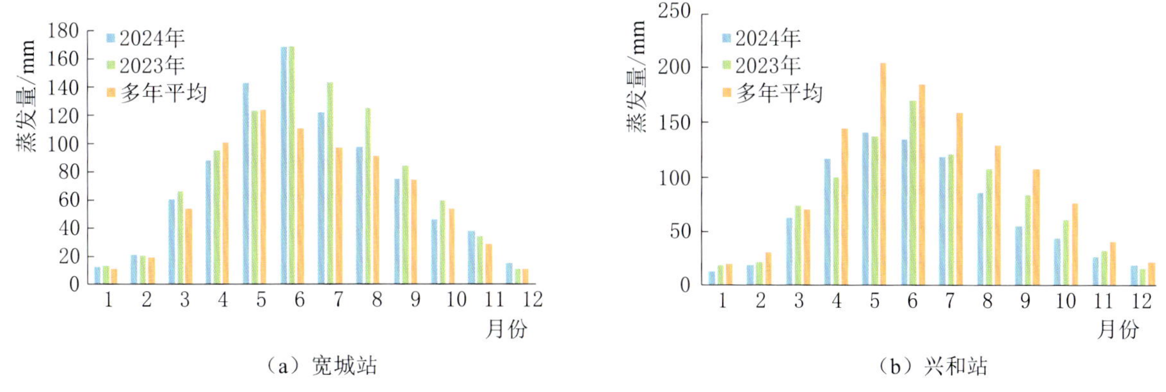

图2－6　海河区部分代表站2024年、2023年及逐月多年平均蒸发量

黄河区变化幅度为－27.3％～9.7％，吉家堡站减少27.3％、旗下营站减少10.1％，其他站变化在±10％以内。与多年平均值相比，变化幅度为－30.3％～11.5％，其中戴村坝站、芦家庄站偏多11.5％和9.7％，吉家堡站、张家山站偏少30.3％和22.7％。黄河区部分代表站逐月蒸发量见图2－7。

淮河区变化幅度为－8.8％～7.2％，其中日照水库站减少8.8％，常庄站增加7.2％。与多年平均值相比，变化幅度为－22.2％～19.5％，其中商丘站、周口站偏多19.5％和15.2％，南湾站、日照水库站偏少22.2％和11.3％。淮河区部分代表站逐月蒸发量见图2－8。

长江区变化幅度为－27.6％～29.9％，云贵川境内的七星桥站、鹤庆站、施洞站、

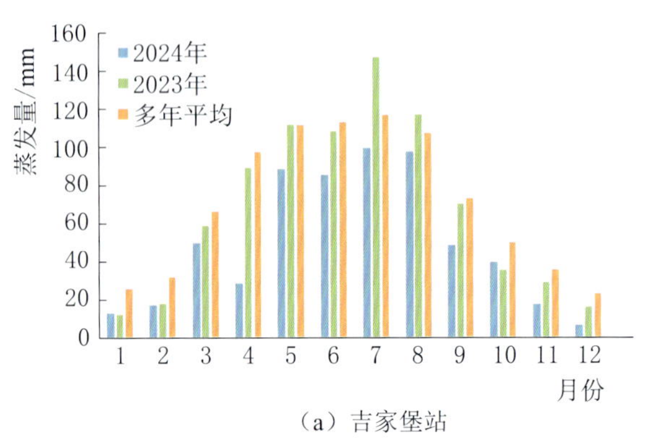

(a) 吉家堡站

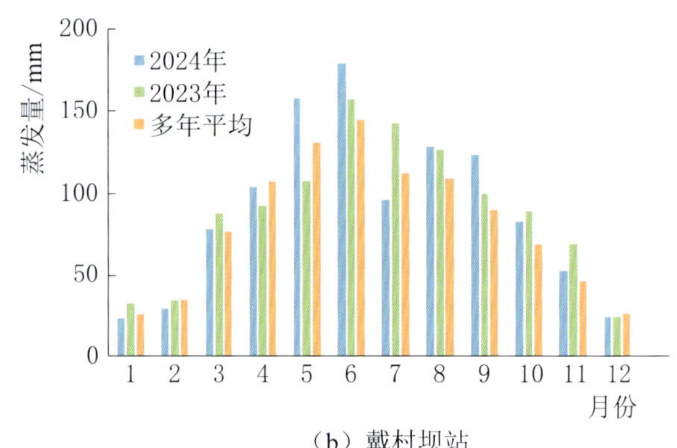

(b) 戴村坝站

图 2-7 黄河区部分代表站 2024 年、2023 年及逐月多年平均蒸发量

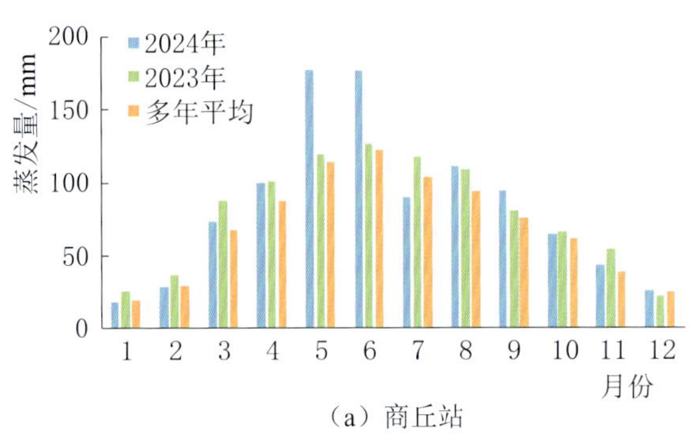

(a) 商丘站

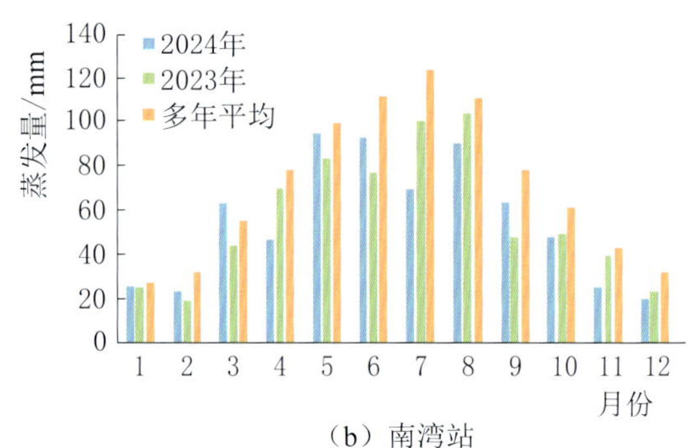

(b) 南湾站

图 2-8 淮河区部分代表站 2024 年、2023 年及逐月多年平均蒸发量

泸宁站、七里沱站和甘肃境内谈家庄站减少，其他站均增加，增加超 20%的代表站主要集中在重庆市和云南省，其中黔江站增加 29.9%。与多年平均值相比变化幅度为 -26.9%～37.4%，其中夹江站、黔江站偏多 37.4%和 32.4%，七星桥站、武侯镇站偏少 26.9%和 19.9%。长江区部分代表站逐月蒸发量见图 2-9。

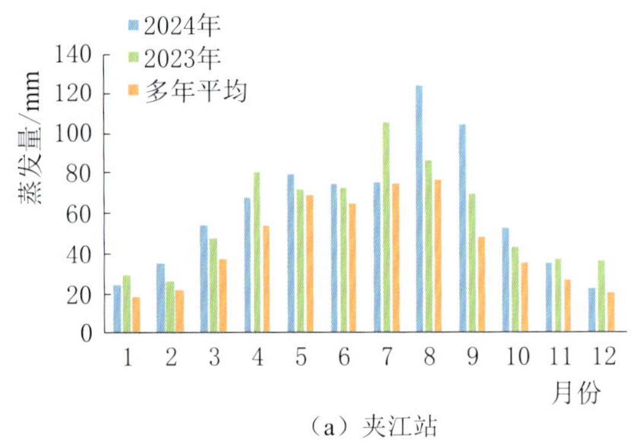

(a) 夹江站

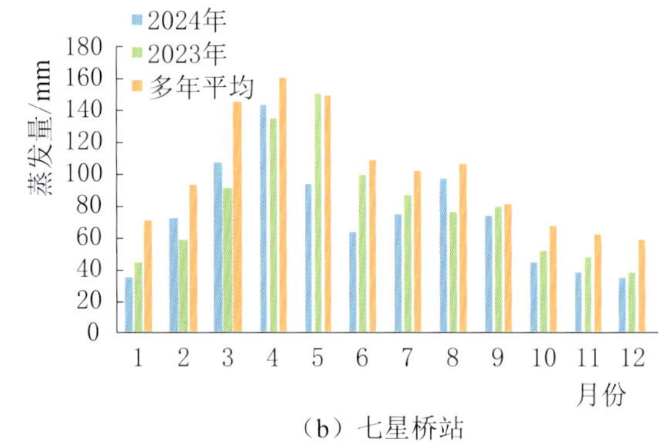

(b) 七星桥站

图 2-9 长江区部分代表站 2024 年、2023 年及逐月多年平均蒸发量

东南诸河区变化幅度为 -8.6%～14.3%，除嵊州站增加 14.3%，其他站变化在 ±10%以内。与多年平均值相比，变化幅度为 -12.1%～16.7%，除窄溪站、嵊州站分别偏多 16.7%、14.2%，屯溪站偏少 12.1%，其他站变化在 ±10%以内。东南诸河区部分代表站逐月蒸发量见图 2-10。

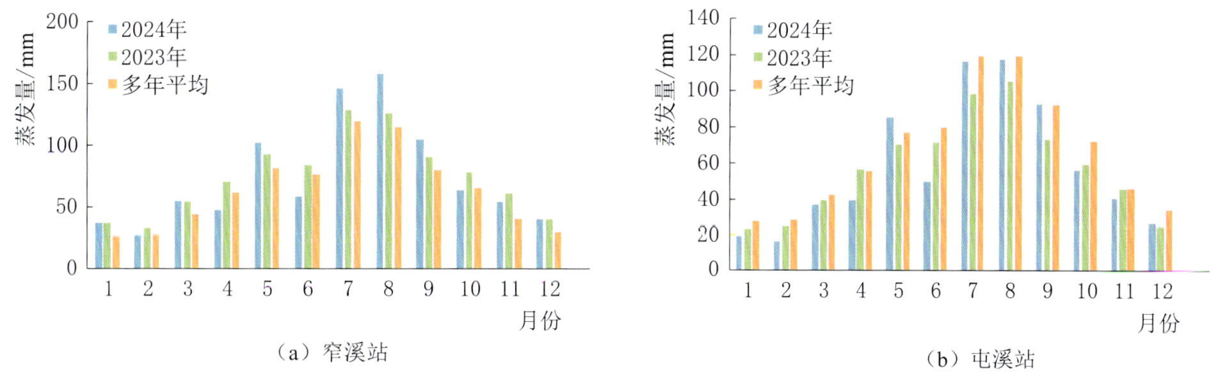

（a）窄溪站　（b）屯溪站

图 2-10　东南诸河区部分代表站 2024 年、2023 年及逐月多年平均蒸发量

珠江区变化幅度为-18.8%～17.6%，其中百色站减少 18.8%，长安站增加 17.6%。与多年平均值相比变化幅度为-15.4%～19.9%，其中长安站、荔波站偏多 19.9%和 18.3%，蓝塘站、毛阳站偏少 15.4%和 12.0%。珠江区部分代表站逐月蒸发量见图 2-11。

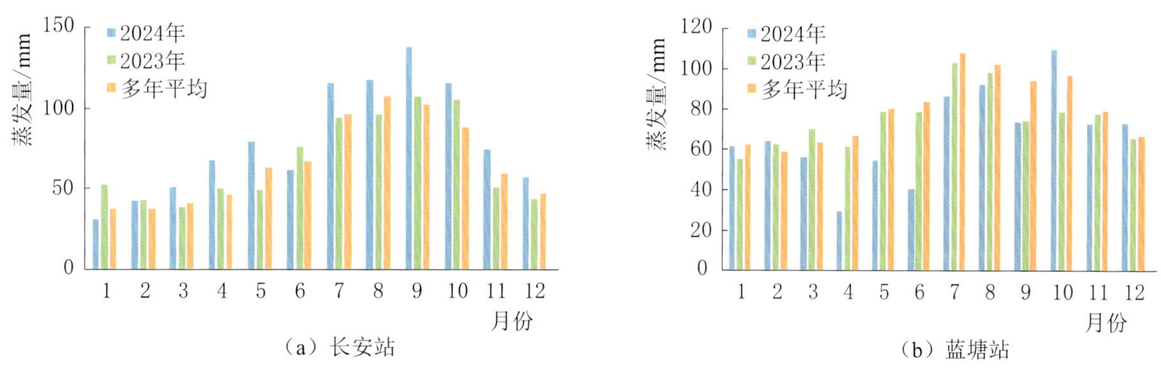

（a）长安站　（b）蓝塘站

图 2-11　珠江区部分代表站 2024 年、2023 年及逐月多年平均蒸发量

西南诸河区变化幅度为-3.6%～5.1%，其中道街坝减少 3.6%，工布江达站增加 5.1%。与多年平均值相比，变化幅度为-18.0%～11.4%，其中太平关站、拉萨站偏多 11.4%和 8.2%，羊村（二）站、日喀则站偏少 18.0%和 17.7%。西南诸河区部分代表站逐月蒸发量见图 2-12。

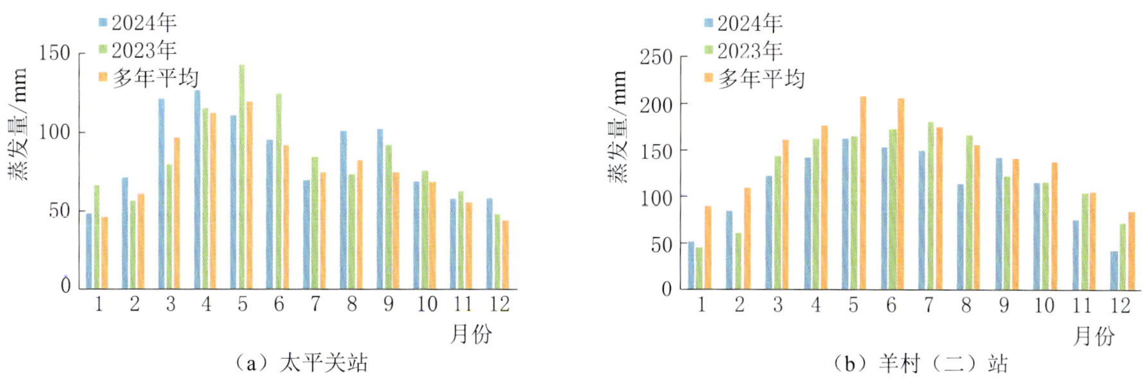

（a）太平关站　（b）羊村（二）站

图 2-12　西南诸河区部分代表站 2024 年、2023 年及逐月多年平均蒸发量

西北诸河区变化幅度为－32.6%～34.2%，其中昌马堡站减少32.6%，他什店站增加34.2%。与多年平均值相比，变化幅度为－27.8%～41.6%，其中他什店站、格尔木站偏多41.6%和3.4%，下社站、同古孜洛克站偏少27.8%和24.0%。西北诸河区部分代表站逐月蒸发量见图2－13。

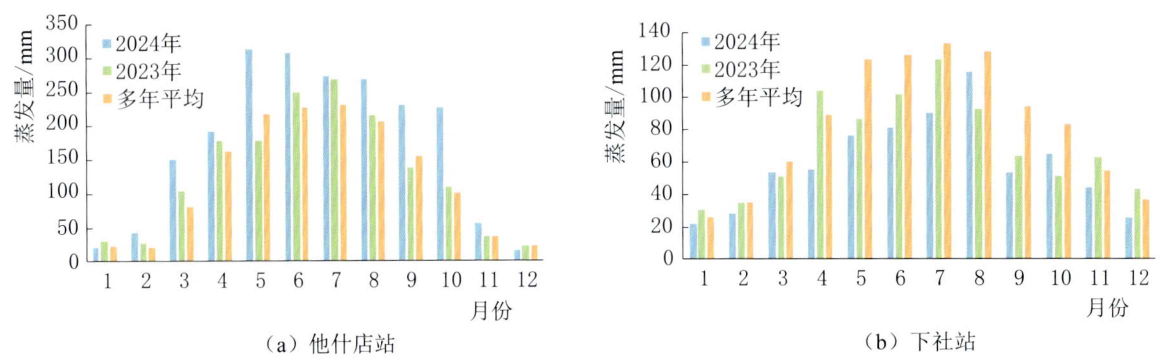

图2－13 西北诸河区部分代表站2024年、2023年及逐月多年平均蒸发量

黄河源（龙虎 摄）

第三章 径流

一、概述

2024年，全国河川年天然径流量为29895.6亿m^3（折合径流深为316.0mm），比2023年增加21.4%，比多年平均值偏多12.6%，总体为偏丰水年。与2023年相比，北方区年径流量增加18.5%，南方区年径流量增加22.0%。与多年平均值相比，北方区年径流量偏多31.5%，属丰水年；南方区年径流量偏多8.9%，属平水年。代表站实测径流量与多年平均值相比的空间分布呈现出松花江上游—辽河上游—海河南系上游—黄河中游—长江中游—西江上游形成了从东北至西南的局部枯水带，从此带向西北和西南两侧则呈现丰水形势。

二、分区天然径流量

2024年各一级区年天然径流量（年径流深）及其与2023年和多平均值比较见表3-1和图3-1。

与2023年相比，2024年北方区年天然径流量增加18.5%，南方区年天然径流量增加22.0%。各一级区年天然径流量较2023年均有所增加，辽河区、东南诸河区、珠江区、淮河区、长江区、西北诸河区、松花江区、西南诸河区、黄河区、海河区年天然径流量分别增加74.8%、50.1%、41.9%、33.0%、18.8%、17.2%、9.0%、3.7%、3.6%和1.3%。

与多年平均值相比，2024年北方区年天然径流量偏多31.5%，南方区年天然径流量偏多8.9%。辽河区、海河区、淮河区、松花江区、珠江区、西北诸河区、黄河区、东南诸河区、长江区9个一级区年天然径流量分别偏多61.0%、44.8%、33.5%、32.1%、24.8%、

表 3-1　2024 年各一级区年天然径流量（年径流深）及其与 2023 年和多年平均值比较

一级区	年天然径流量 /亿 m^3	年径流深 /mm	与 2023 年比较 /%	与多年平均值比较 /%
全国	29895.6	316.0	21.4	12.6
松花江区	1650.6	179.2	9.0	32.1
辽河区	633.1	201.6	74.8	61.0
海河区	248.3	77.7	1.3	44.8
黄河区	695.2	87.4	3.6	19.1
其中：上游	441.7	114.0	13.8	27.3
中游	216.0	62.8	−14.6	3.1
下游	34.9	155.5	22.5	42.0
淮河区	919.9	278.0	33.0	33.5
长江区	10458.9	586.4	18.8	7.0
其中：上游	4056.6	412.2	0.7	−8.2
中游	5521.7	818.5	34.7	17.2
下游	880.6	704.1	29.8	36.8
其中：太湖流域	276.4	745.2	35.4	58.1
东南诸河区	2348.4	1123.1	50.1	16.9
珠江区	5896.7	1020.3	41.9	24.8
西南诸河区	5543.5	654.9	3.7	−3.7
西北诸河区	1501.2	44.7	17.2	24.4

注：多年平均值采用 1956—2016 年系列。

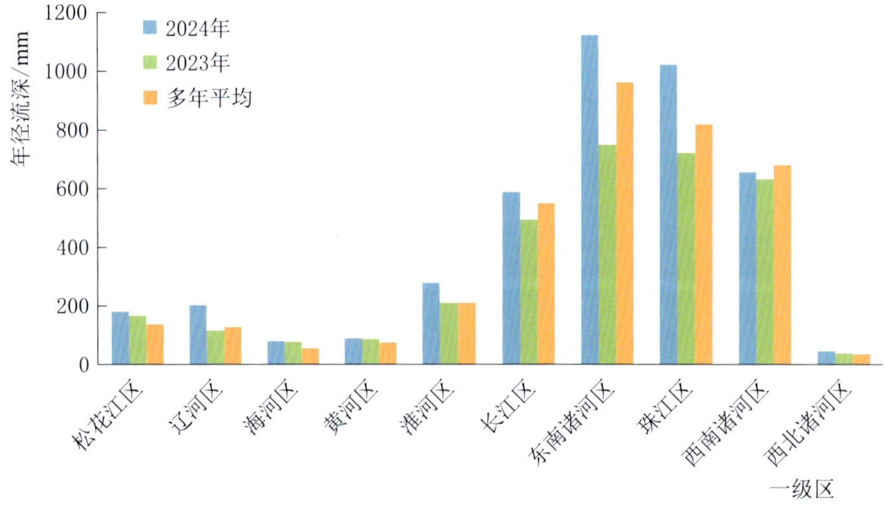

图 3-1　2024 年各一级区年径流深与 2023 年和多年平均值比较

24.4%、19.1%、16.9%和7.0%；西南诸河区年天然径流量偏少3.7%。松花江区连续7年年天然径流量均超过多年平均值15%以上，西北诸河区连续10年年天然径流量均高于或基本持平多年平均值；西南诸河区连续6年天然年径流量均低于或基本持平多年平均值。

三、代表站实测径流量

综合考虑流量观测资料系列的长度与完整性、代表性，选定全国大江大河414处国家基本水文站进行径流量分析。全国主要河流代表站实测径流量见表3-2。

表3-2　　主要河流代表站实测径流量

一级区	河　流	代表站	集水面积/万 km²	实测径流量/亿 m³		
				2024年	2023年	多年平均
松花江区	松花江	哈尔滨	38.98	520.0	461.2	406.3
	嫩江	江桥	16.26	116.3	196.3	205.0
	松花江吉林段	扶余	7.18	252.1	149.1	148.6
辽河区	辽河	铁岭	12.08	70.68	37.90	29.17
	辽河	巴林桥	1.12	3.542	2.462	4.965
	老哈河	兴隆坡	1.91	3.441	0.1412	3.525
	浑河	邢家窝棚	1.11	34.60	17.66	19.69
海河区	滦河	滦县	4.41	4.410	7.762	30.87
	潮白河	张家坟	0.85	4.953	3.164	4.384
	永定河	石匣里	2.36	2.851	3.111	4.300
	漳河	观台	1.78	4.096	12.26	8.110
	卫河	元村集	1.43	16.40	27.97	7.610
黄河区	黄河	利津	75.19	255.3	226.5	294.8
	黄河	花园口	73.00	345.7	307.1	374.1
	黄河	头道拐	36.79	247.6	173.4	213.6
	黄河	兰州	22.26	362.8	294.0	320.9
	湟水	民和	1.53	24.59	16.28	16.91
	渭河	华县	10.65	58.80	73.88	66.79
	北洛河	状头	2.56	6.322	6.157	7.810
	伊洛河	黑石关	1.86	25.24	37.34	24.96

续表

一级区	河流	代表站	集水面积/万 km^2	实测径流量/亿 m^3		
				2024 年	2023 年	多年平均
淮河区	淮河	蚌埠（吴家渡）	12.13	284.2	201.5	267.0
	淮河	王家坝	3.06	87.48	92.54	88.32
	淮河	鲁台子	8.86	225.1	176.2	211.5
	史灌河	蒋家集	0.59	27.50	11.53	23.05
	沂河	临沂	1.03	43.15	15.29	20.30
长江区	长江	大通	170.54	9126	6720	9080
	长江	宜昌	100.55	3859	3505	4416
	长江	向家坝	45.88	1349	1208	1429
	岷江	高场	13.54	862.1	670.3	866.1
	乌江	武隆	8.30	407.8	301.4	489.0
	嘉陵江	北碚	15.67	551.8	539.5	649.6
	汉江	皇庄	14.21	401.4	407.6	454.2
	鄱阳湖	湖口	16.22	1918	1222	1518
东南诸河区	钱塘江	兰溪	1.82	229.7	117.0	176.6
	闽江	竹岐	5.45	597.4	432.0	539.3
珠江区	西江	梧州	32.7	2312	1131	2028
	西江	迁江	12.89	581.3	325.7	646.4
	西江	小龙潭	1.54	12.35	11.37	30.92
	柳江	柳州	4.54	484.7	150.0	404.1
西北诸河区	疏勒河	昌马堡	1.10	15.28	11.77	10.28
	黑河	莺落峡	1.00	18.40	13.48	16.64
	格尔木河	格尔木	1.96	12.00	7.721	7.900
	阿克苏河	西大桥	4.35	58.03	49.25	63.57
	开都河	大山口	1.90	40.45	38.93	27.39
	车尔臣河	且末	2.68	6.043	7.185	6.082

代表站2024年实测径流量与2023年比较，东北大部分地区、长江以南大部分地区和西北大部分地区实测径流量增加，海河南部、淮河上游、长江上中游、嫩江、粤西等地区实测径流量减少。代表站年实测径流量较2023年呈明显减少、减少、持平、增加、明显增加的代表站个数占比分别为13.5%、4.8%、8.2%、6.5%和66.9%。2024年代表站实测径流量与2023年比较见图3-2。

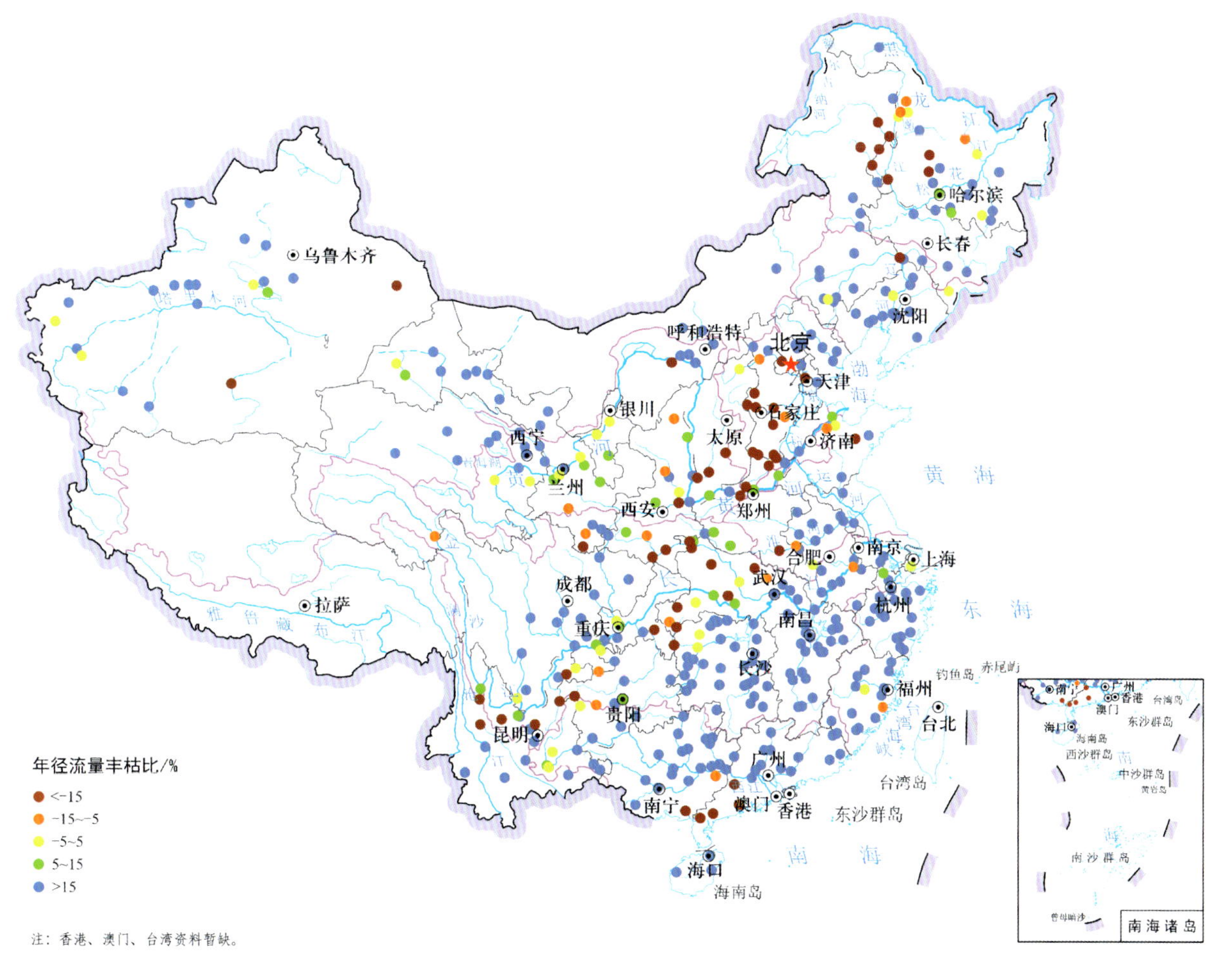

图3-2 2024年代表站实测径流量与2023年偏差百分比

代表站2024年实测径流量与多年平均值相比的空间分布显示，松花江上游—辽河上游—海河南系上游—黄河中游—长江中游—西江上游呈现从东北至西南的局部枯水带，从此带向西北和西南两侧则呈现丰水形势。年实测径流量频率属于枯水年、偏枯年、平水年、偏丰年、丰水年的径流量代表站个数占比分别为6.0%、15.2%、23.2%、37.7%和17.9%。全国代表站2024年实测径流量与多年平均值比较见图3-3。

（一）松花江区

2024年，松花江区共4处代表站年实测径流量突破历史最大值，均位于松花江支流，其中拉林河支流牤牛河上的大碾子沟站年实测径流量为32.03亿m^3，较2023年增加37.17%；牡丹江上的石头站、牡丹江站年径流量分别为61.22亿m^3和96.92亿m^3，较

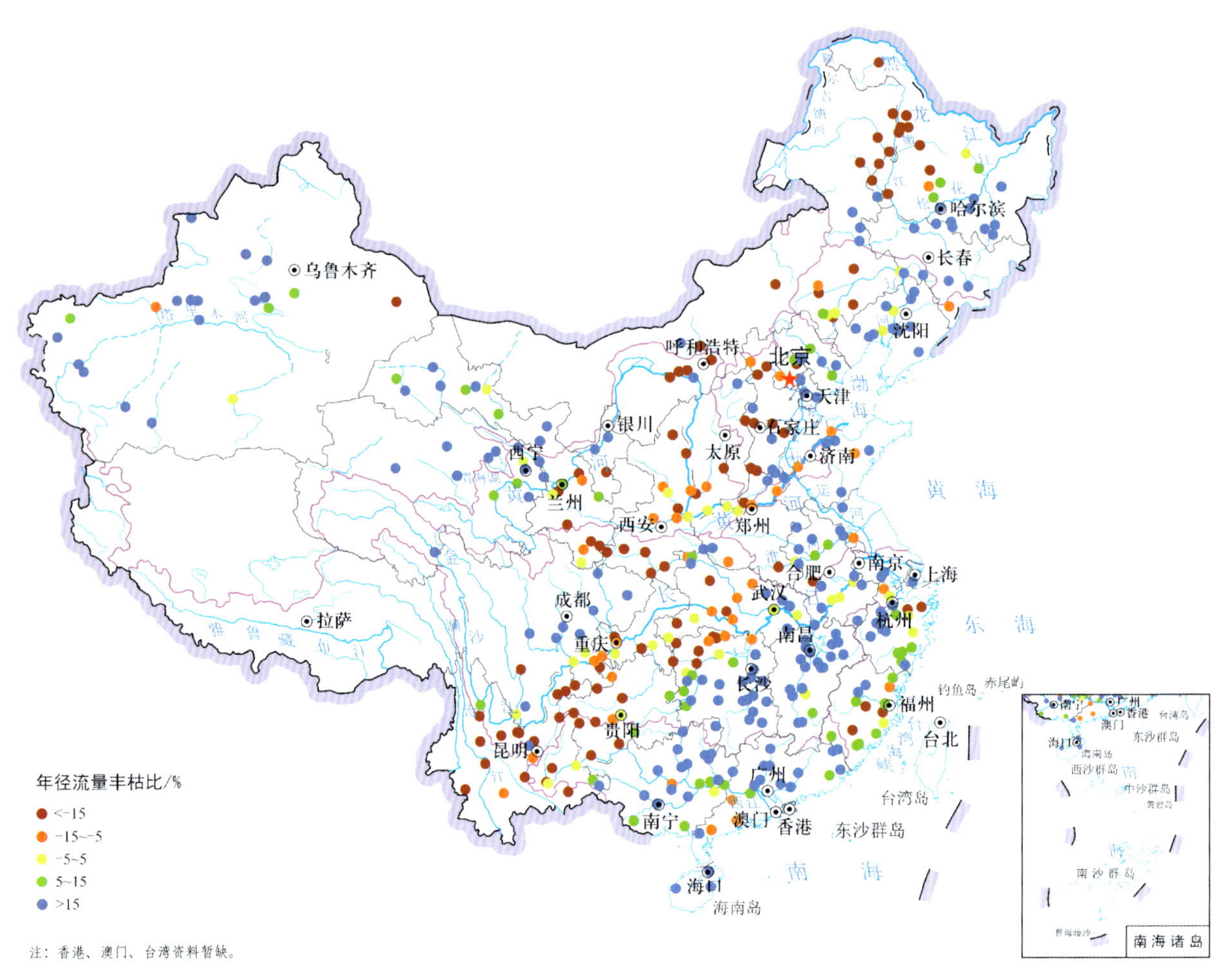

图 3-3　2024 年代表站实测径流量距平

2023 年分别增加 33.4%和 62.3%；倭肯河上的倭肯站年实测径流量 15.20 亿 m^3，较 2023 年增加 2.08 倍。与 2023 年相比，松花江干流哈尔滨站增加 12.8%，嫩江柳家屯、古城子和江桥站分别减少 1.7%、53.1%和 40.8%，松花江吉林段扶余站增加 69.0%，松花江下游支流蔡家沟站、莲花站分别增加 17.5%和 62.3%。

与多年平均年实测径流量相比，突破历史最大值的代表站中，大碾子沟站偏多 163.8%，石头站、牡丹江站年分别偏多 91.8%和 93.4%，倭肯站偏多 257.7%。松花江干流哈尔滨站偏多 28.0%，嫩江柳家屯、古城子、江桥站分别偏少 45.1%、61.1%和 43.3%，松花江下游支流蔡家沟站、莲花站分别偏多 124.0%和 139.8%。松花江干流及代表性支流逐月实测径流量见图 3-4。

哈尔滨水文站位于松花江干流，日平均水位流量过程见图 3-5。2024 年最高水位为 117.71m，发生在 8 月 12 日，最大洪峰流量为 6980m^3/s，发生在 8 月 13 日；最低水位为 114.93m，发生在 1 月 27 日，最小流量为 420m^3/s，发生在 1 月 2 日。全年平均水位为 115.94m，年平均流量为 1640m^3/s，年实测径流量为 520.0 亿 m^3，在 121 年年实测径流量系列中排第 21 位，属偏丰水年。

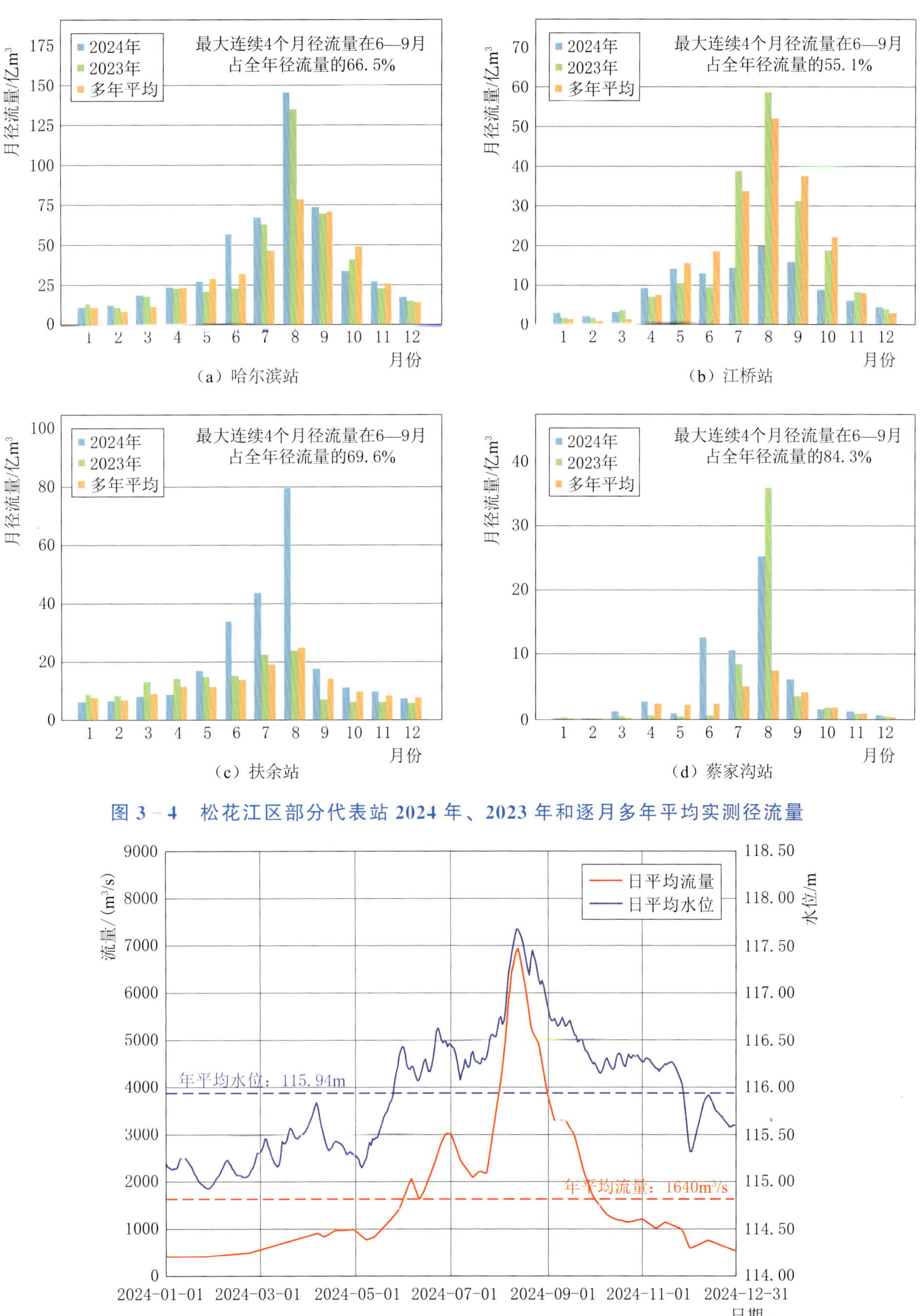

图3-4 松花江区部分代表站2024年、2023年和逐月多年平均实测径流量

图3-5 哈尔滨站2024年日平均水位流量过程

（二）辽河区

2024 年，辽河区年实测径流量与 2023 年相比，辽河上游巴林桥站和兴隆坡站分别增加 43.9%和 23 倍，下游铁岭站增加 86.5%。大凌河凌海站增加 84.7%。浑河邢家窝棚站、太子河葠窝水库站分别增加 95.9%和 64.1%。

与多年平均年实测径流量相比，辽河上游巴林桥站和兴隆坡站分别偏少 28.7%和 2.4%，下游铁岭站偏多 142.3%。大凌河凌海站偏多 57.1%。浑河邢家窝棚站、太子河葠窝水库站分别偏多 75.7%和 28.4%。辽河干流及代表性独流入海河流逐月实测径流量见图 3－6。

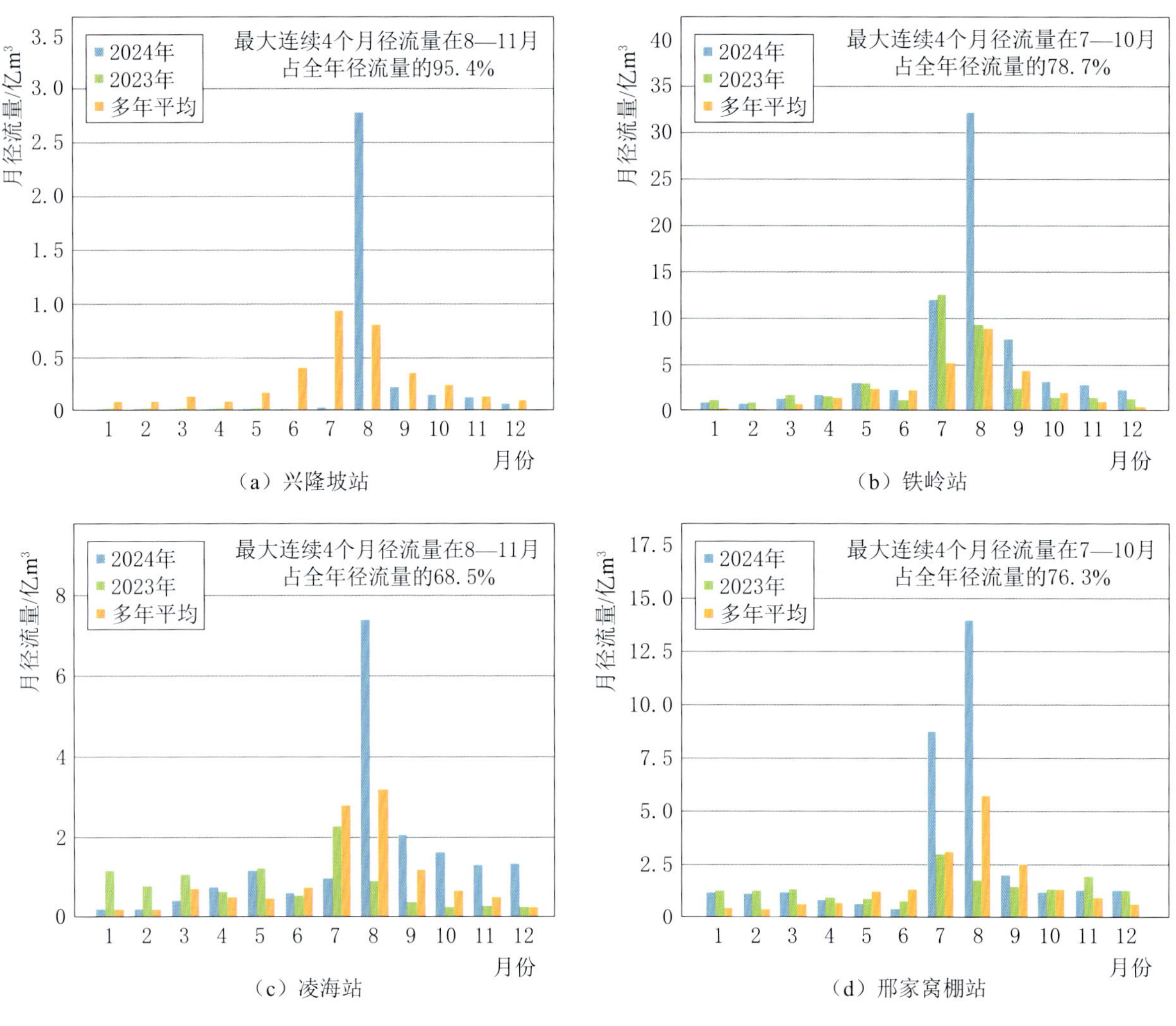

图 3－6　辽河区部分代表站 2024 年、2023 年和逐月多年平均实测径流量

铁岭水文站位于辽河干流，日平均水位流量过程见图 3－7。2024 年最高水位为 59.46m，最大洪峰流量为 2280m^3/s，发生在 8 月 3 日；最低水位为 51.58m，发生在 2 月 29 日，最小流量为 28.4m^3/s，发生在 3 月 6 日。全年平均水位为 52.82m，年平均流量为 224m^3/s，年实测径流量为 70.68 亿 m^3，在 72 年年实测径流量系列中排第 7 位，为丰水年。

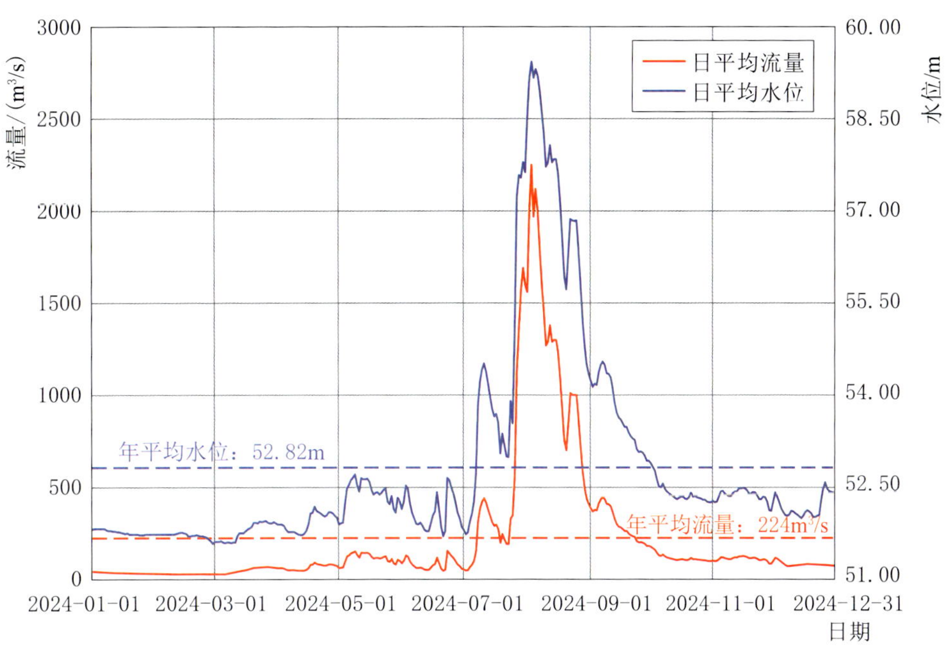

图 3－7　铁岭站 2024 年日平均水位流量过程线

杨树湾站位于辽河区大凌河，日平均水位流量过程见图 3－8。2024 年 8 月，辽西地区发生特大暴雨洪水，葫芦岛市建昌县降水量超过历史极值，出现强降雨灾害，造成光缆中断、基站退服，县城和杨树湾乡等地通信受到影响。杨树湾站 2024 年最高水位为 119.38m，最大洪峰流量为 3200m^3/s，发生在 8 月 20 日；最低水位为 115.25m，发生在 10 月 13 日，最小流量为 0.290m^3/s，发生在 5 月 23 日。全年平均水位为 115.48m，年平均流量为 12.9m^3/s。

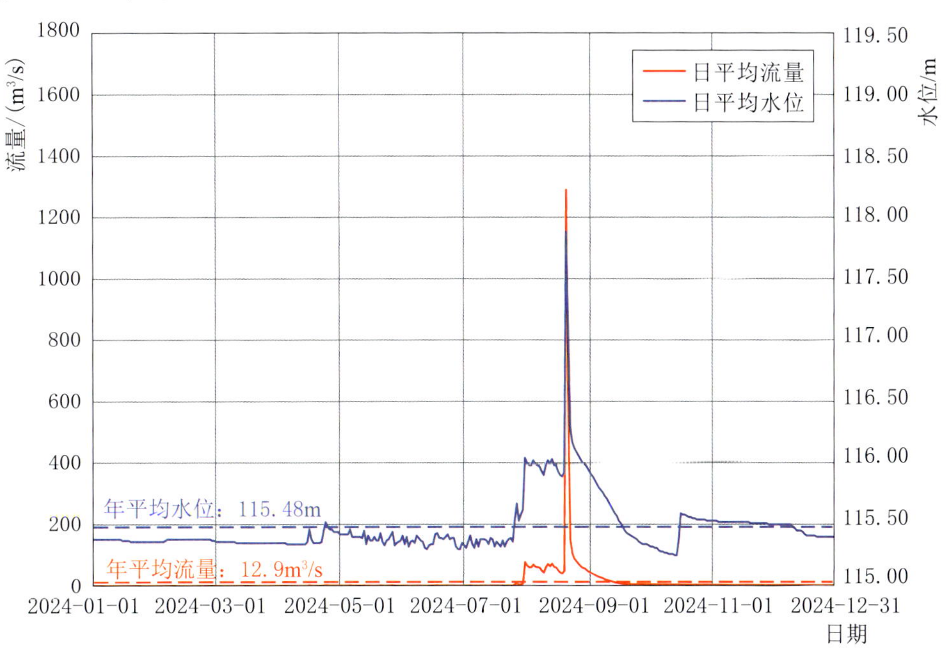

图 3－8　杨树湾站 2024 年日平均水位流量过程线

（三）海河区

2024年，海河区年实测径流量与2023年相比，滦河滦县站增加327.7%，潮白河张家坟站增加56.5%，永定河石匣里站、雁翅站、屈家店站分别减少8.4%、31.0%和22.2%，滹沱河小觉站和北中山站分别减少38.4%和79.9%，滏阳河艾辛庄站减少43.4%，漳卫河观台站、元村集站分别减少66.6%和41.4%。

与多年平均年实测径流量相比，滦河滦县站偏多7.6%，潮白河张家坟站偏多13.0%，永定河石匣里站、雁翅站分别偏少33.7%和13.1%、屈家店站偏多505.7%，漳卫河观台站偏少49.5%、元村集站偏多115.5%，滹沱河小觉站和北中山站分别偏少27.6%和42.9%，滏阳河艾辛庄站偏多174.0%，衡水站偏少83.6%。海河区丰枯变化显著河流的逐月实测径流量见图3-9。

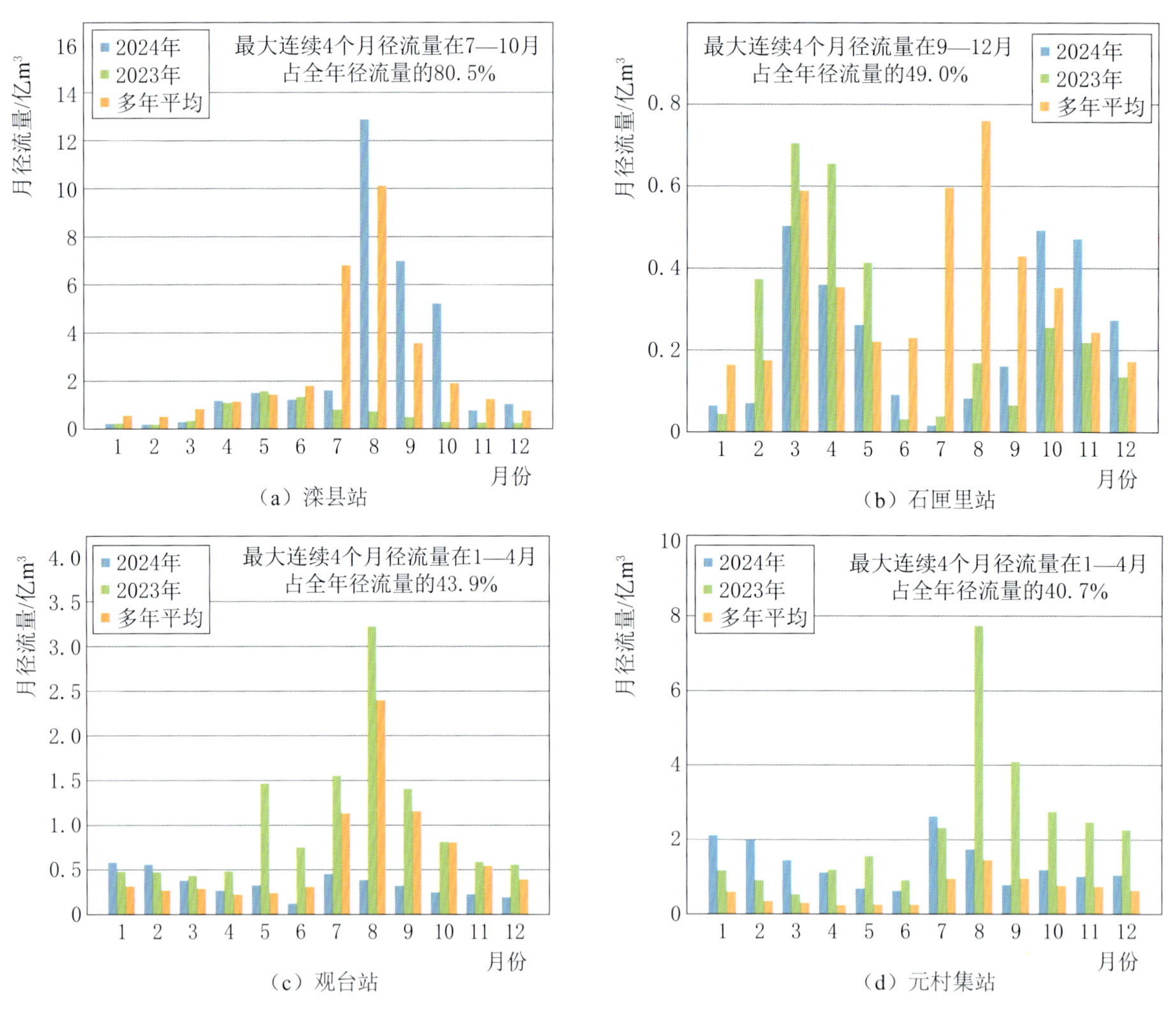

图3-9 海河区部分代表站2024年、2023年和逐月多年平均实测径流量

元村集水文站位于漳卫南运河水系的卫河，2024年日平均水位流量过程线见图3-10。2024年最高水位为43.16m，最大洪峰流量为244m³/s，发生在7月28日；最低水位为38.30m，最小流量为0.7m³/s，发生在6月12日。全年平均水位为39.93m，年平均流量为 51.9m³/s。年径流总量为 16.40 亿 m³，在 46 年年实测径流量系列中排第 6 位，为偏丰水年。

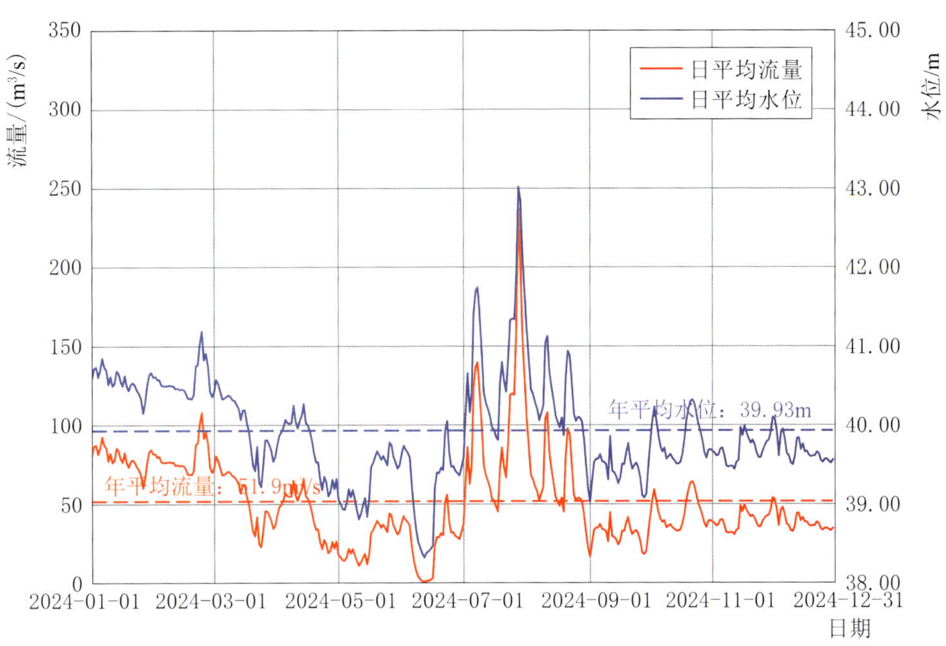

图 3-10　元村集站 2024 年日平均水位流量过程

(四) 黄河区

2024 年，黄河区年实测径流量与 2023 年相比，黄河干流上游兰州站、头道拐站分别增加 23.4%和 42.8%，中游潼关站增加 17.5%，下游利津站和花园口站分别增加 12.7%和 12.6%。支流洮河岷县站、红旗站减少 5.5%和 4.5%，湟水民和站和天堂站分别增加 51.0%和 67.1%，无定河白家川站增加 8.2%，北洛河状头站增加 2.7%，泾河张家山站增加 7.7%，渭河华县站减少 20.4%，汾河河津站减少 30.8%，伊洛河黑石关站减少 32.4%。

与多年平均年实测径流量相比，黄河干流上游兰州站和头道拐站分别偏多 13.1%和 15.9%，中游潼关站偏少 1.3%，下游利津站和花园口站分别偏少 13.4%和 7.6%。支流洮河岷县站、红旗站分别偏少 15.3%和 15.4%，湟水民和站和天堂站分别偏多 45.4%和 37.1%，无定河白家川站偏少 26.8%，北洛河状头站偏少 19.1%，泾河张家山站偏少 14.8%，渭河华县站偏少 12.0%，汾河河津站偏少 26.8%，伊洛河黑石关站偏多 1.1%。黄河干流及代表性支流逐月实测径流量见图 3-11。

利津水文站位于黄河干流下游，日平均水位流量过程见图 3-12。2024 年最高水位为 11.41m，发生在 7 月 31 日，最大洪峰流量为 3580m³/s，发生在 8 月 15 日；全年最低水位为 7.64m，最小流量为 96m³/s，发生在 6 月 16 日。全年平均水位为 9.11m，年平均流量为 807m³/s，年径流总量为 255.3 亿 m³，在 75 年年实测径流量系列中排第 39 位，为平水年。

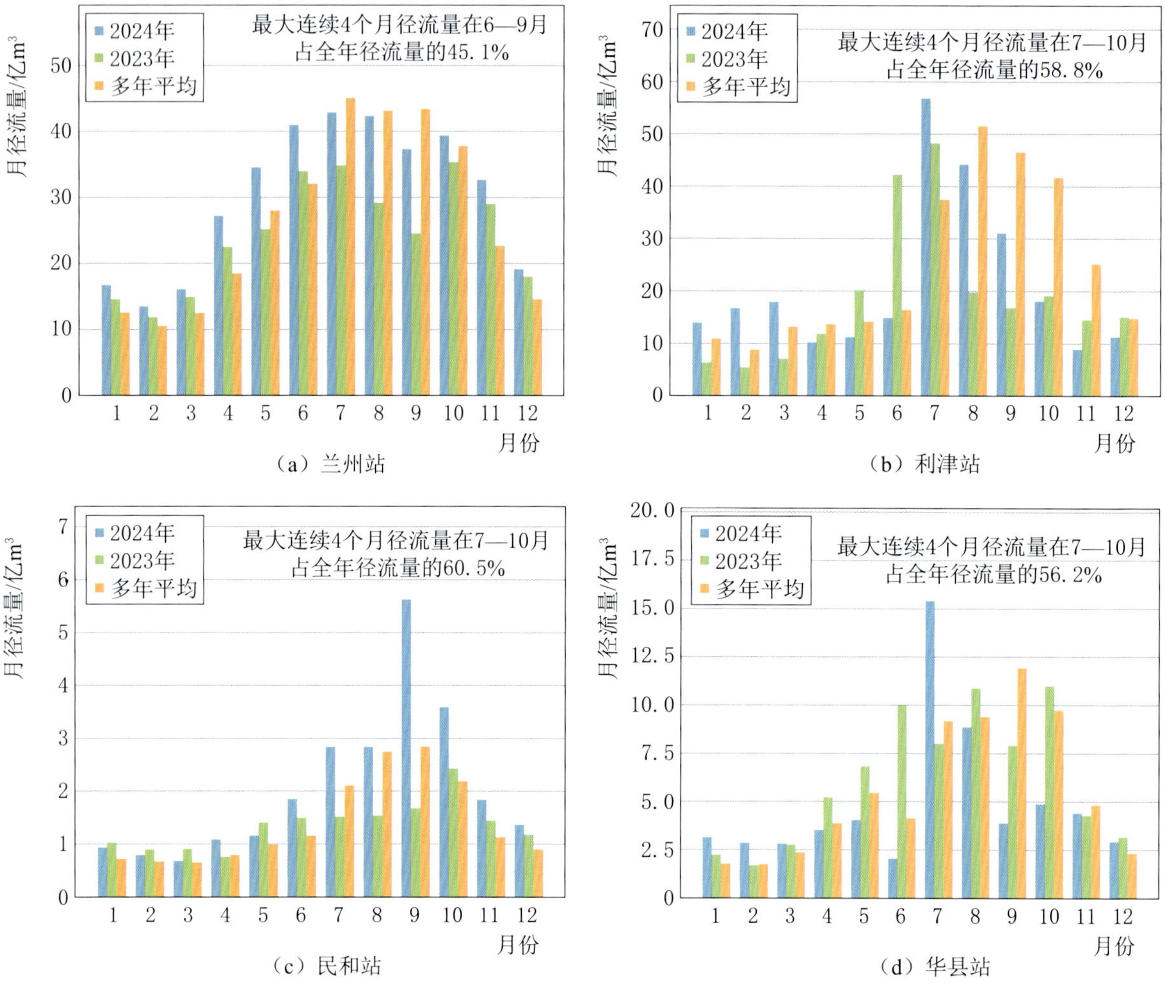

最大连续4个月径流量在6—9月占全年径流量的45.1%

（a）兰州站

最大连续4个月径流量在7—10月占全年径流量的58.8%

（b）利津站

最大连续4个月径流量在7—10月占全年径流量的60.5%

（c）民和站

最大连续4个月径流量在7—10月占全年径流量的56.2%

（d）华县站

图 3－11　黄河区部分代表站 2024 年、2023 年和逐月多年平均实测径流量

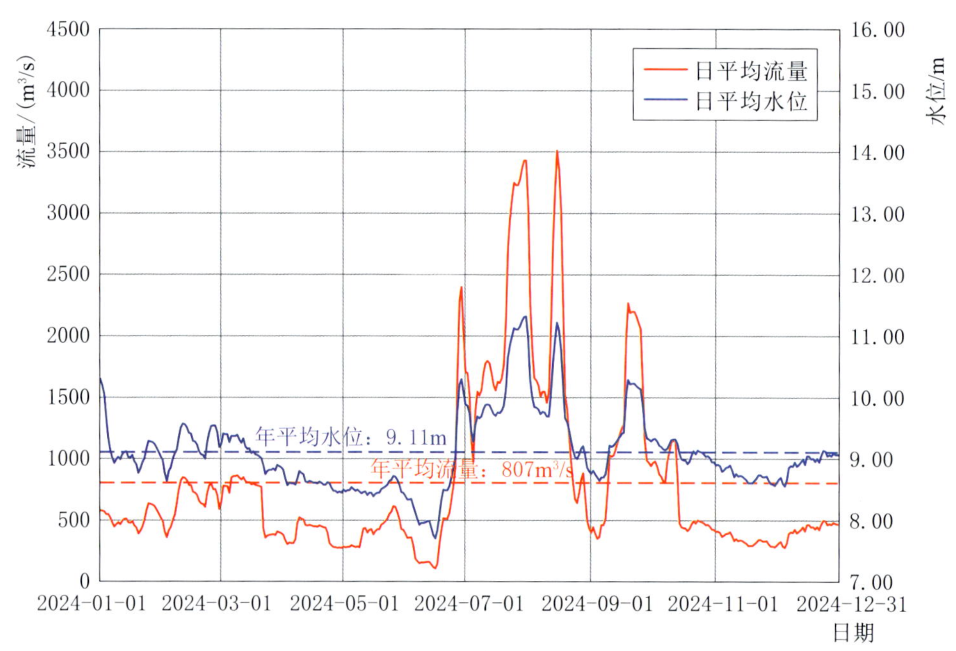

图 3－12　利津站 2024 年日平均水位流量过程

（五）淮河区

2024 年，淮河区新汴河团结闸站年实测径流量 19.22 亿 m^3，创历史新高，较 2023 年增加 3.67 倍。与 2023 年相比，淮河干流息县站、王家坝站分别减少 34.1%和 5.5%，鲁台子站、蚌埠（吴家渡）分别增加 27.8%和 41.0%，支流沙颍河阜阳闸站增加 16.8%，史灌河蒋家集站增加 138.5%。沂河临沂站增加 182.2%。

与多年平均年实测径流量相比，团结闸站偏多 663.0%。淮河干流息县站、王家坝站分别偏少 30.3%和 1.0%，鲁台子站、蚌埠（吴家渡）站均偏多 6.4%，支流沙颍河阜阳闸站偏多 18.6%，史灌河蒋家集站偏多 19.3%。沂河临沂站偏多 112.6%。淮河干流及沂河逐月实测径流量见图 3-13。

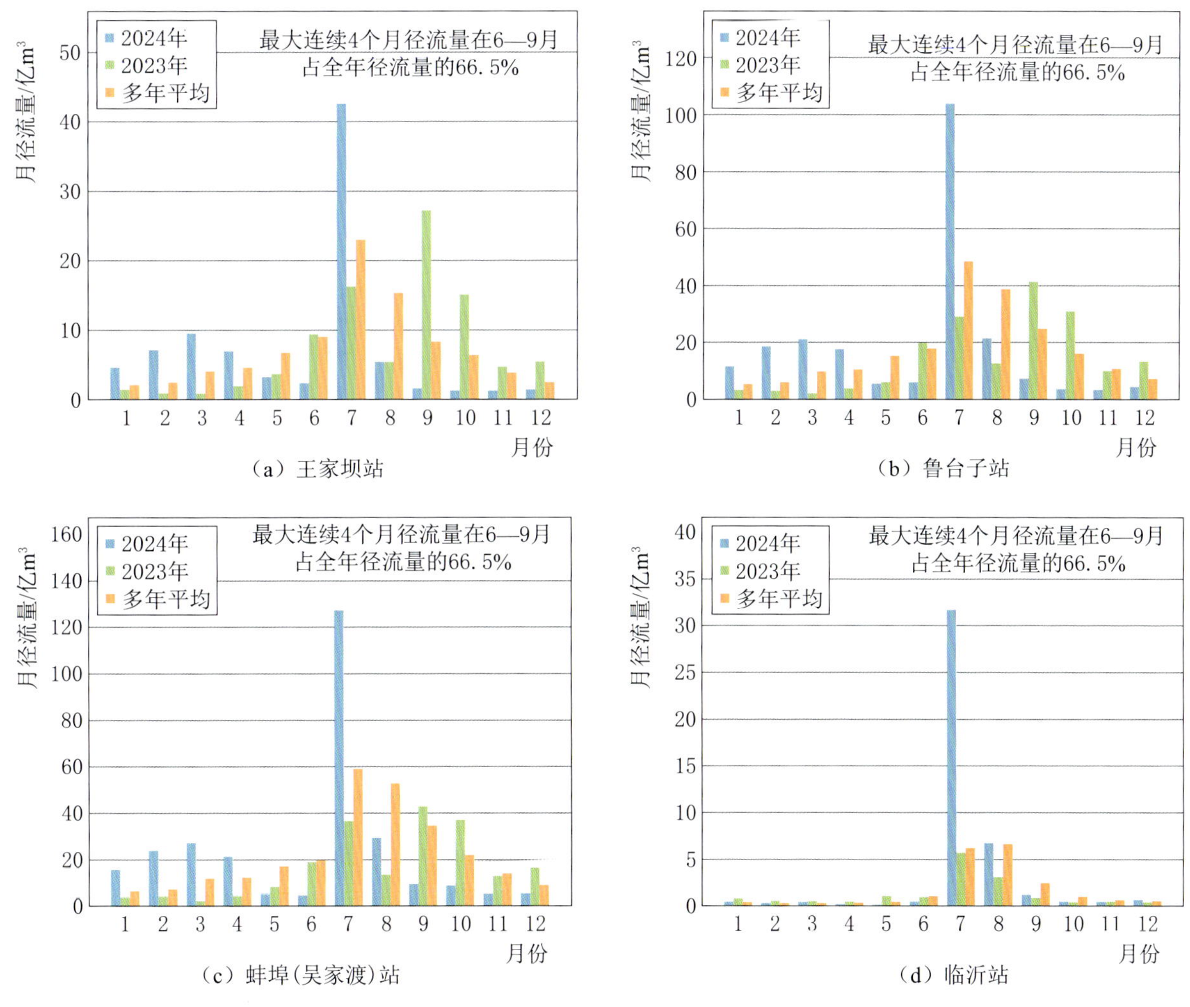

图 3-13 淮河区部分代表站 2024 年、2023 年和逐月多年平均实测径流量

鲁台子水文站位于淮河干流中游，日平均水位流量过程见图 3-14。2024 年全年最高水位为 24.91m，发生在 7 月 20 日，最大洪峰流量为 6540m^3/s，发生在 7 月 16 日；最低水位为 16.57m，发生在 6 月 14 日，最小流量为 39.5m^3/s，发生在 10 月 1 日。全年平均水位为 18.66m，年平均流量为 712m^3/s，年径流总量为 225.1 亿 m^3，在 74 年年实测径流量系列中排第 30 位，为平水年。

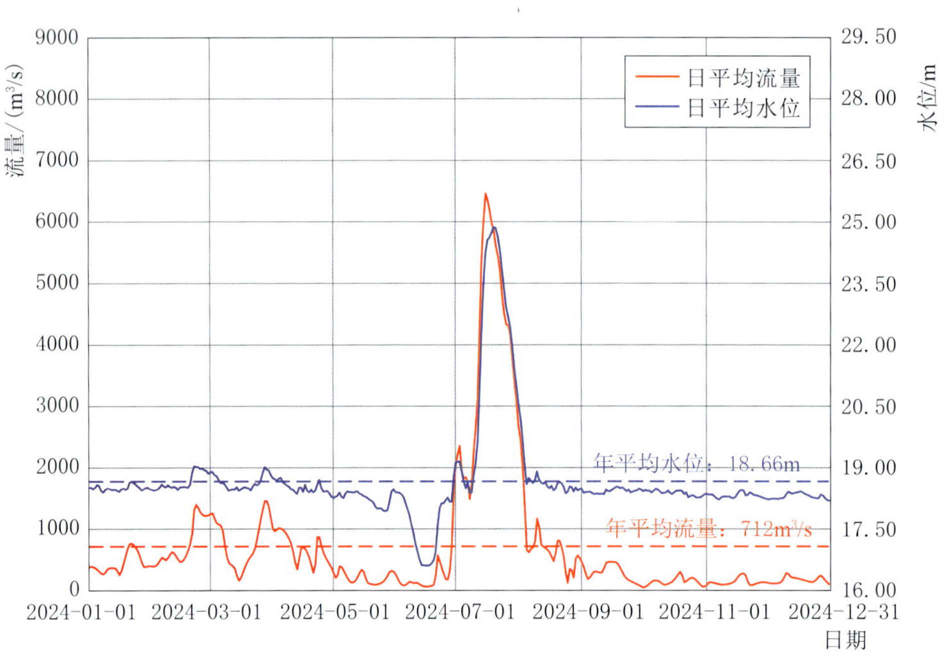

图 3-14　鲁台子站 2024 年日平均水位流量过程

（六）长江区

2024 年，长江区太湖流域太滆运河黄埝桥站年实测径流量为 13.76 亿 m^3，超过历史最大值，较 2023 年增加 26.1%。与 2023 年相比，长江干流源区直门达站减少 7.5%，上游向家坝站、寸滩站分别增加 11.7%和 11.8%，中游宜昌站、汉口站分别增加 10.1%和 31.9%，下游大通站增加 35.8%；支流雅砻江泸宁站、米易站分别增加 373.3%和 327.1%，岷江彭山站、高场站分别增加 436.3%和 28.6%，大渡河泸定站增加 299.6%，嘉陵江北碚站增加 2.3%，乌江武隆站增加 35.3%，汉江皇庄站减少 1.5%，赣江外洲站、湖口站分别增加 46.9%和 57.0%。太湖流域黄浦江松浦大桥站增加 2.7%。

与多年平均年实测径流量相比，突破历史最大值的代表站黄埝桥站偏多 173.7%。长江干流源区直门达站偏多 56.5%，上游向家坝站、寸滩站分别偏少 5.7%和 11.7%，中游宜昌站、汉口站分别偏少 12.6%和 3.6%，下游大通站偏多 0.5%；支流雅砻江泸宁站偏少 23.5%、米易站偏多 127.9%，岷江彭山站偏多 308.1%、高场站偏少 0.5%，大渡河泸定站偏多 271.2%，嘉陵江北碚站偏少 15.1%，乌江武隆站偏少 16.6%，汉江皇庄站偏少 11.6%，赣江外洲站、湖口站分别偏多 23.9%和 26.4%。太湖流域黄浦江松浦大桥站偏多 32.4%。长江干流及太湖流域代表性河流逐月实测径流量见图 3-15。

寸滩水文站位于长江干流上游，为三峡水库入库水文测站之一，日平均水位流量过程见图 3-16。2024 年最高水位为 179.91m，最大洪峰流量为 41600m^3/s，发生在 7 月 12 日；最低水位为 160.56m，发生在 4 月 3 日，最小流量为 3550m^3/s，发生在 2 月 18 日。全年平均水位为 166.3m，年平均流量为 9830m^3/s，年径流总量为 3108 亿 m^3，在 132 年年实测径流系列中排第 112 位，为偏枯水年。

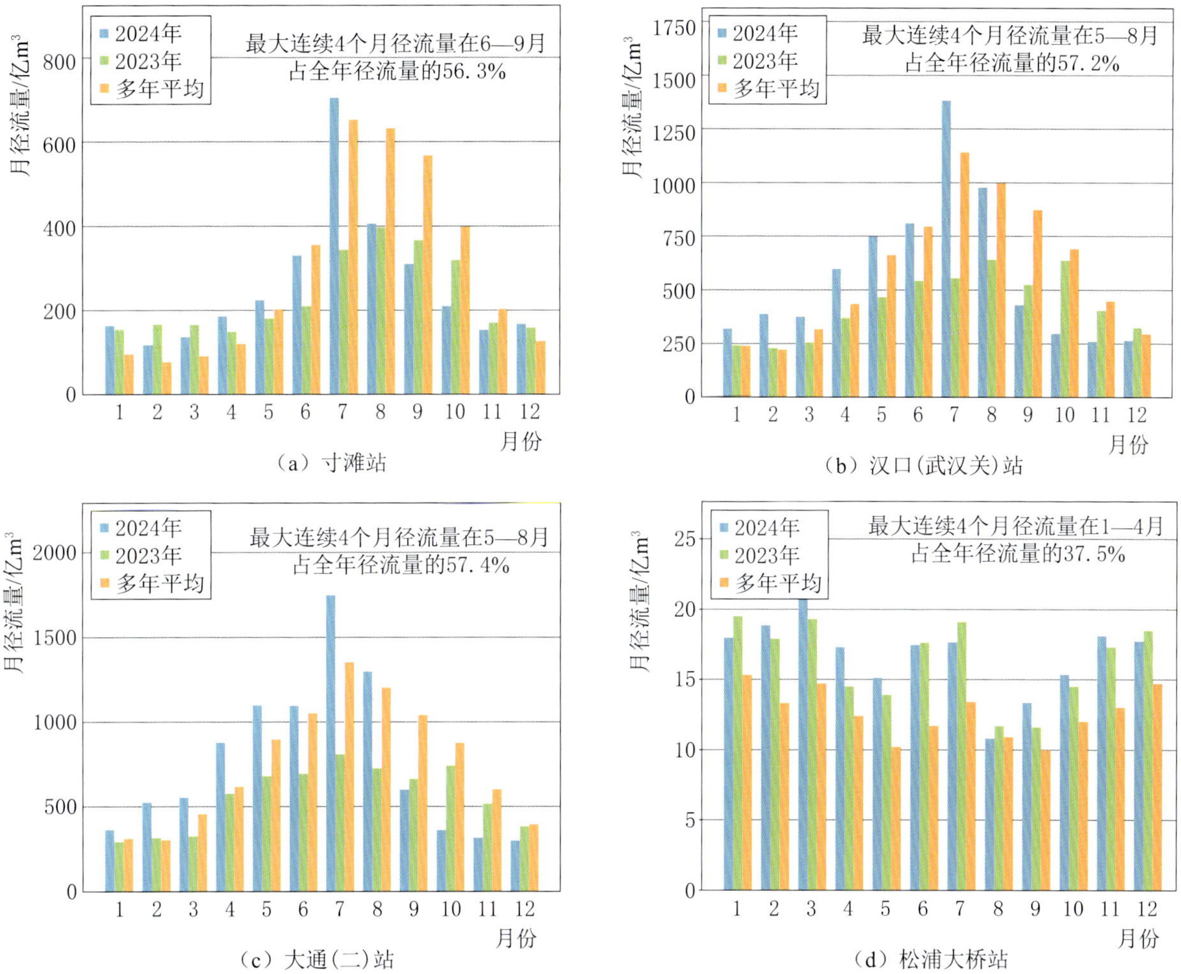

2024年
2023年
多年平均
最大连续4个月径流量在6—9月
占全年径流量的56.3%
月径流量/亿m³
月份

（a）寸滩站

2024年
2023年
多年平均
最大连续4个月径流量在5—8月
占全年径流量的57.2%
月径流量/亿m³
月份

（b）汉口（武汉关）站

2024年
2023年
多年平均
最大连续4个月径流量在5—8月
占全年径流量的57.4%
月径流量/亿m³
月份

（c）大通（二）站

2024年
2023年
多年平均
最大连续4个月径流量在1—4月
占全年径流量的37.5%
月径流量/亿m³
月份

（d）松浦大桥站

图3-15　长江区部分代表站2024年、2023年和逐月多年平均实测径流量

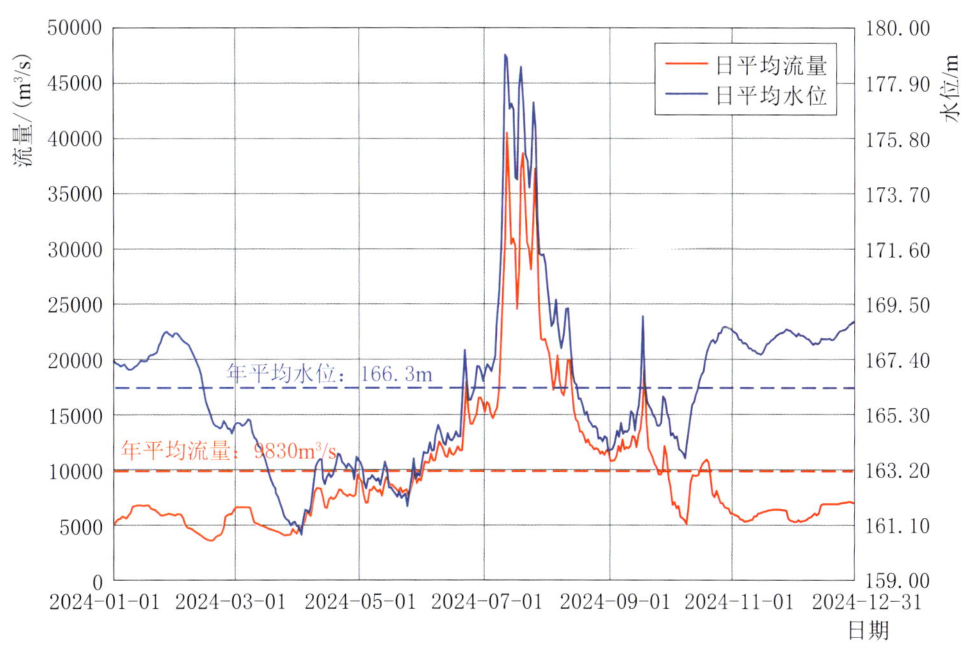

图3-16　寸滩站2024年日平均水位流量过程

大通水文站位于长江干流下游，日平均水位流量过程见图 3－17。2024 年大通水文站全年最高水位为 15.52m，最大洪峰流量为 75200m^3/s，发生在 7 月 4 日；最低水位为 4.07m，发生在 12 月 18 日，最小流量为 8000m^3/s，发生在 11 月 18 日。全年平均水位为 8.26m，年平均流量为 28900m^3/s，年径流总量为 9126 亿 m^3，在 1923 年以来有实测资料的 82 年径流量系列中排第 38 位，为平水年。

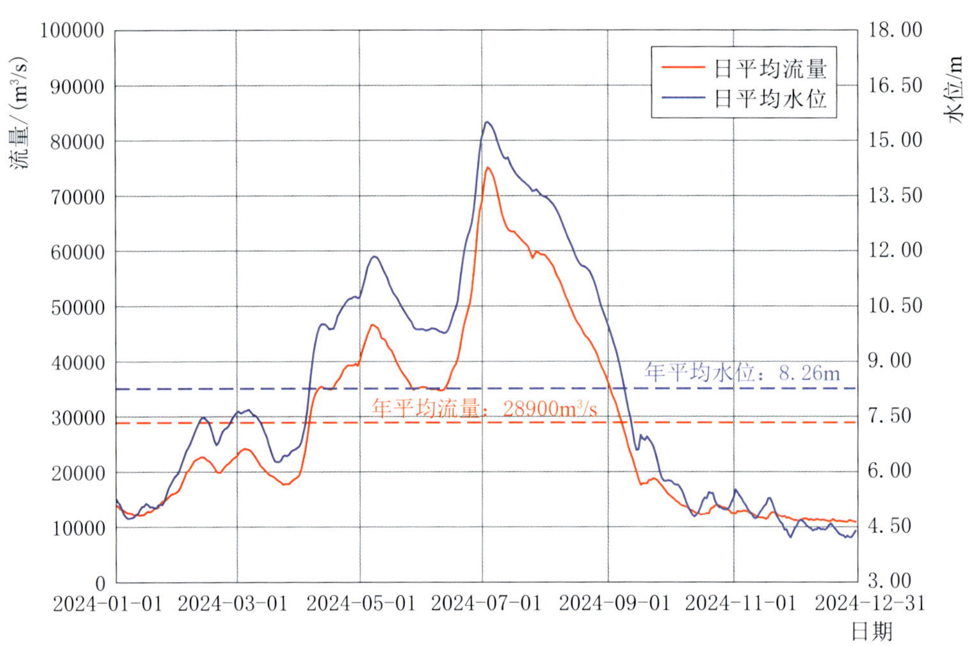

图 3－17　大通站 2024 年日平均水位流量过程

（七）东南诸河区

2024 年，东南诸河区年实测径流量与 2023 年相比，钱塘江兰溪站增加 96.3%，之江站增加 148.4%；瓯江鹤城站增加 88.2%；姚江大闸站增加 50.5%；椒江柏枝岙站增加 89.9%；闽江上游沙县（石桥）站增加 55.4%，下游竹岐站增加 38.3%；九龙江浦南站增加 50.4%。

与多年平均年实测径流量相比，钱塘江兰溪站、之江站分别偏多 30.1%和 18.0%；瓯江鹤城站偏多 12.2%；姚江大闸站偏少 26.1%；椒江柏枝岙站偏多 3.5%；闽江上游沙县（石桥）站偏多 13.6%，下游竹岐站偏多 10.8%；九龙江浦南站偏多 7.9%。东南诸河区代表性河流逐月实测径流量见图 3－18。

竹岐水文站位于闽江干流下游，日平均水位流量过程见图 3－19。2024 年最高水位为 9.86m，最大流量为 17700m^3/s，发生在 6 月 16 日；最低水位为 1.50m，发生在 2 月 20 日；最小潮流量为－4610m^3/s，发生在 10 月 20 日。全年平均水位为 3.74m，年平均流量为 1890m^3/s，年径流总量为 597.4 亿 m^3，在 75 年年实测径流系列中排第 26 位，为偏丰水年。

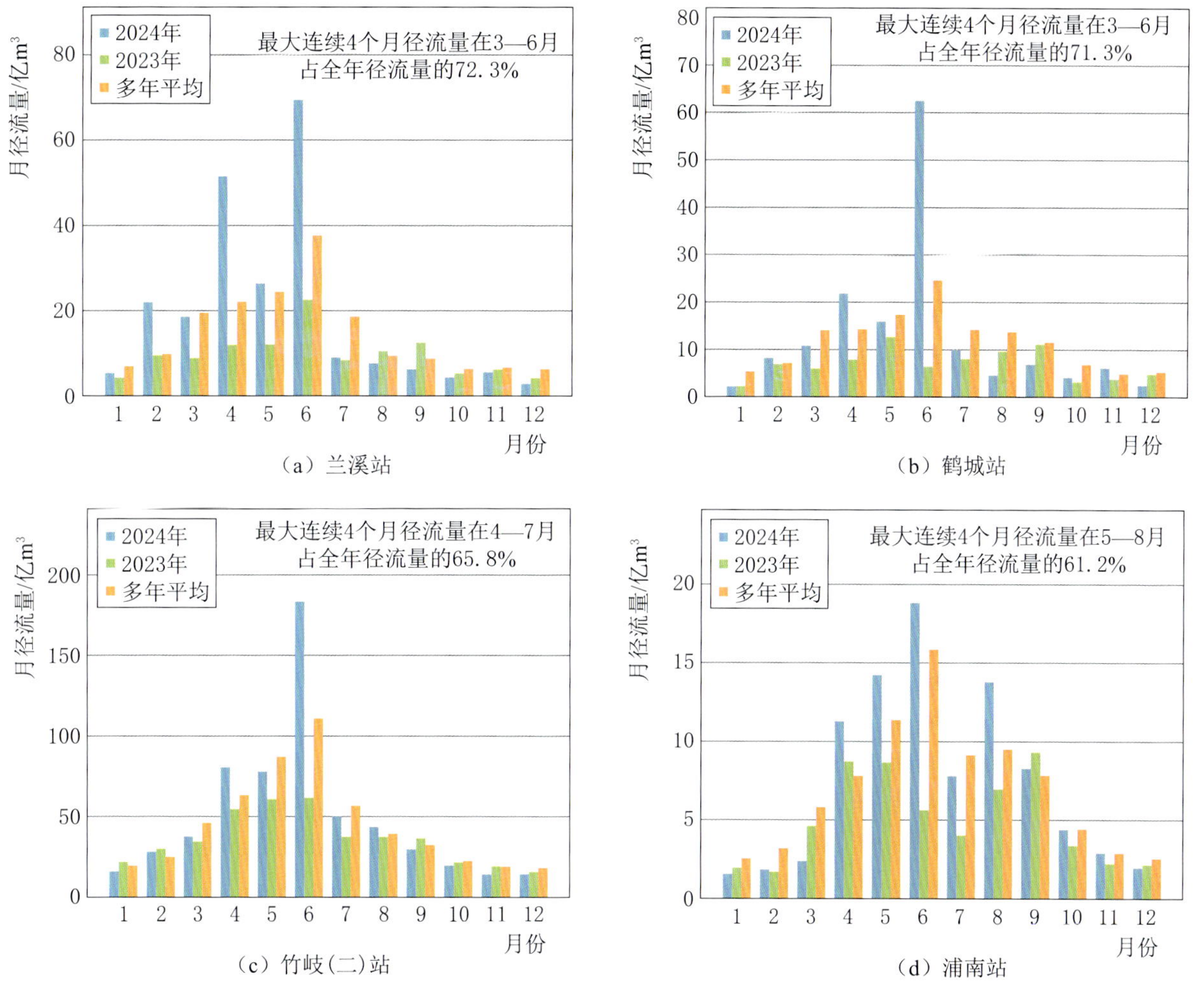

2024年
2023年
多年平均
最大连续4个月径流量在3—6月占全年径流量的72.3%
月径流量/亿m^3
月份
（a）兰溪站

2024年
2023年
多年平均
最大连续4个月径流量在3—6月占全年径流量的71.3%
月径流量/亿m^3
月份
（b）鹤城站

2024年
2023年
多年平均
最大连续4个月径流量在4—7月占全年径流量的65.8%
月径流量/亿m^3
月份
（c）竹岐(二)站

2024年
2023年
多年平均
最大连续4个月径流量在5—8月占全年径流量的61.2%
月径流量/亿m^3
月份
（d）浦南站

图 3－18　东南诸河区部分代表站 2024 年、2023 年和逐月多年平均实测径流量

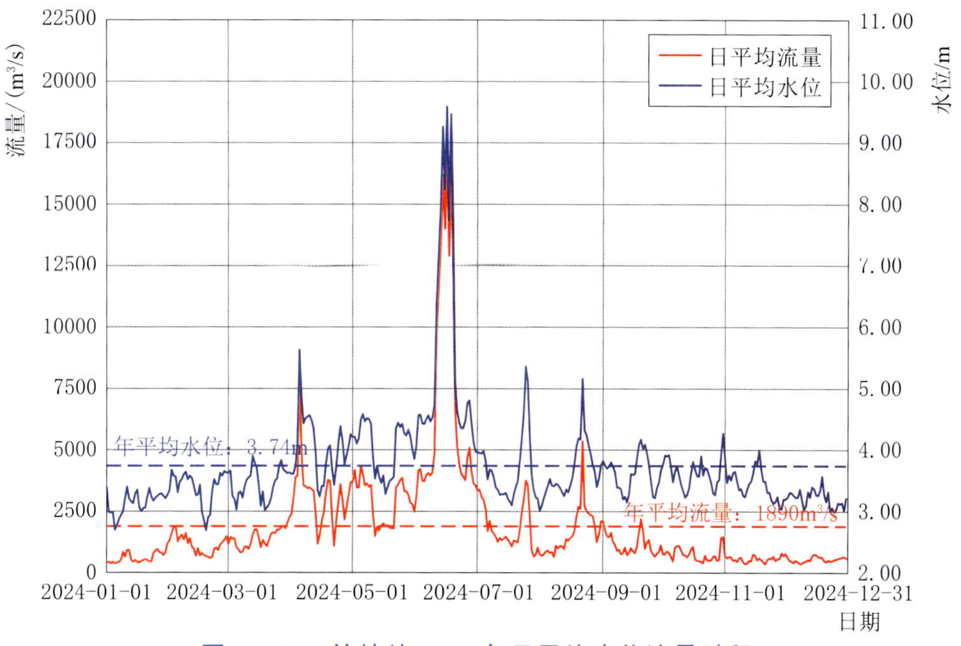

图 3－19　竹岐站 2024 年日平均水位流量过程

（八）珠江区

2024 年，珠江区年实测径流量与 2023 年相比，西江上游小龙潭站增加 8.6%，中游迁江站增加 78.5%，下游梧州站增加 104.4%，支流郁江南宁站增加 116.9%，柳江柳州站增加 223.1%。珠江区其他河流中，东江博罗站增加 109.6%，北江石角站增加 69.4%，韩江潮安站增加 74.9%，南渡江龙塘站增加 54.2%。

与多年平均年实测径流量相比，西江上游小龙潭站偏少 60.1%，中游迁江站偏少 10.1%，下游梧州站偏多 11.2%，支流郁江南宁站偏多 26.9%，柳江柳州站偏多 20.0%。东江博罗站偏多 49.1%，北江石角站偏多 42.8%，韩江潮安站偏多 36.7%。海南岛南渡江龙塘站偏多 58.7%。珠江区西江干流及代表性独流入海河流逐月实测径流量见图 3-20。

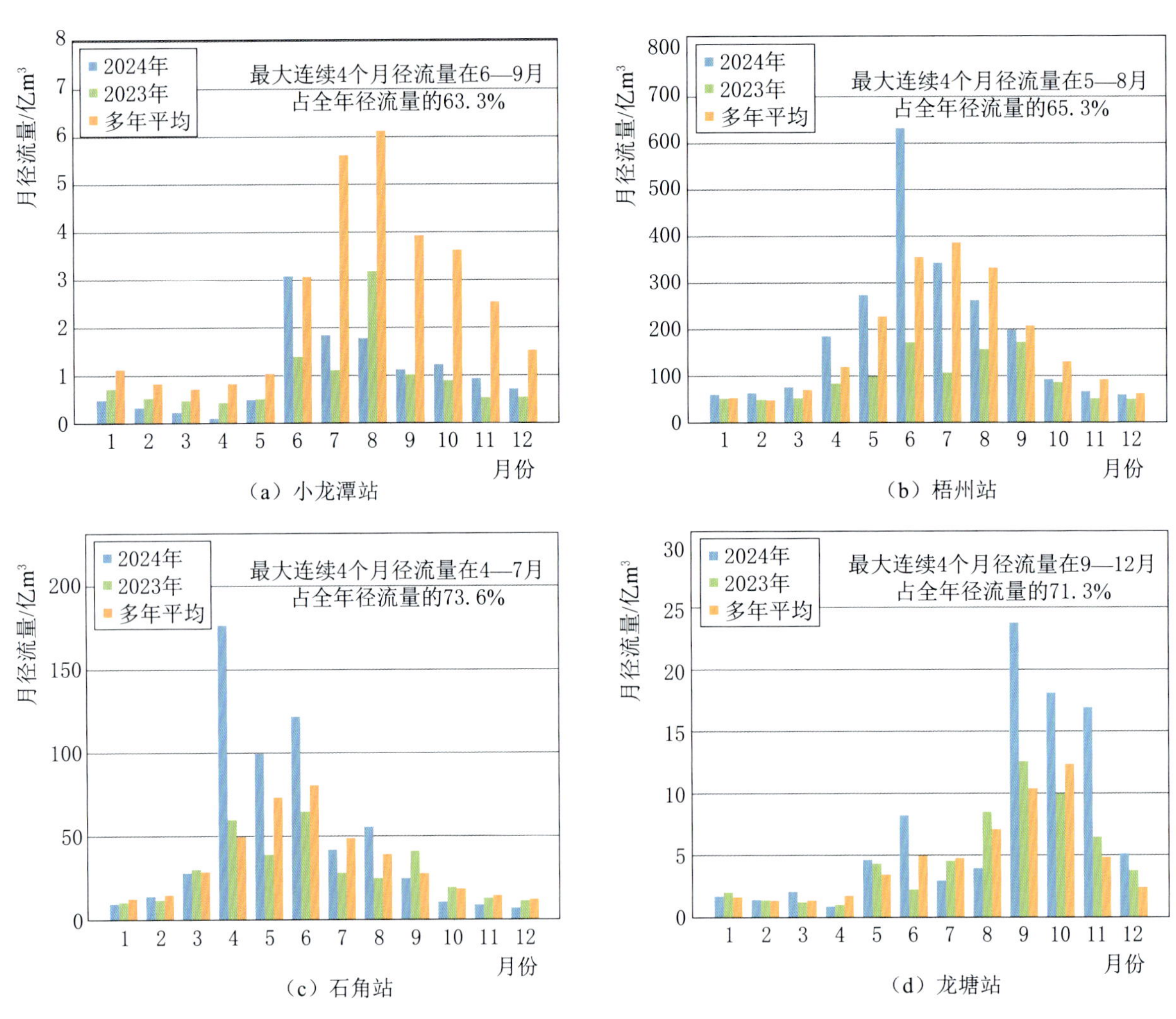

图 3-20　珠江区部分代表站 2024 年、2023 年和逐月多年平均实测径流量

梧州水文站位于西江干流下游，日平均水位流量过程见图 3-21。2024 年最高水位为 24.10m，最大洪峰流量为 41100m³/s，发生在 6 月 21 日；最低水位为 1.84m，发生在 1 月 4 日，最小流量为 1440m³/s，发生在 2 月 26 日。全年平均水位为 6.49m，年平均流量为 7310m³/s，年径流总量为 2312 亿 m³，在 84 年年实测径流量系列中排第 27 位，为偏丰水年。

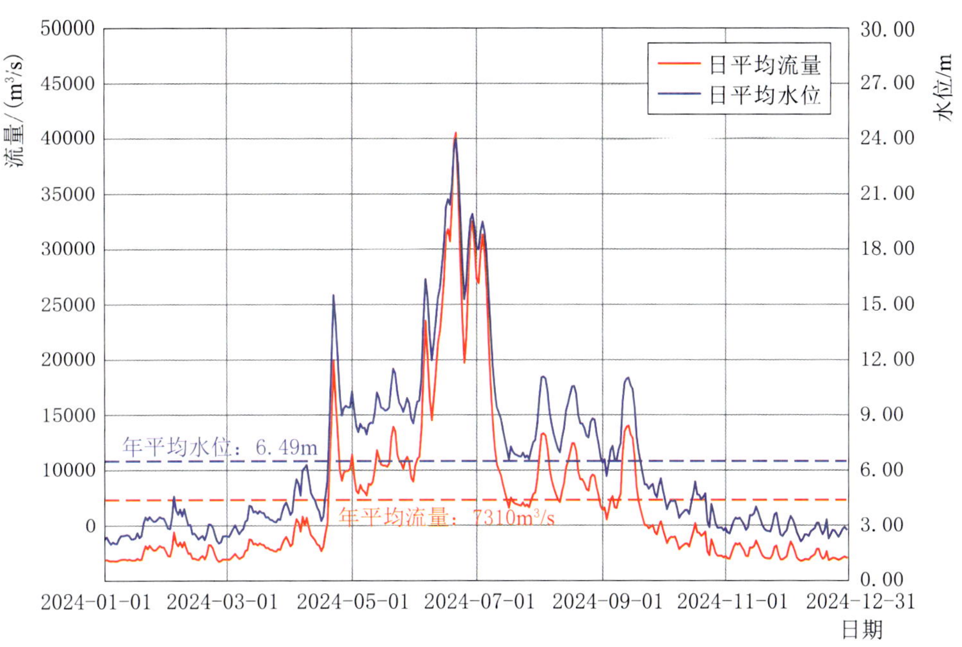

图 3－21 梧州站 2024 年日平均水位流量过程

（九）西北诸河区

2024 年，西北诸河区有 3 个代表站年实测径流量突破历史最大值，分别位于青海湖水系和柴达木河支流，其中青海湖水系布哈河布哈河口站、沙柳河刚察站年实测径流量分别为 27.83 亿 m³ 和 4.965 亿 m³，较 2023 年分别增加 160.8%和 73.8%；柴达木河支流察汗乌苏站年实测径流量 4.172 亿 m³，较 2023 年增加 112.8%。与 2023 年相比，塔里木河卡群站、新渠满站分别增加 17.3%和 70.5%；开都河焉耆站增加 6.9%；格尔木河格尔木站增加 55.4%；黑河中游正义峡站增加 29.6%、下游莺落峡增加 36.5%；疏勒河昌马堡站增加 29.8%。

与多年平均年实测径流量相比，突破历史最大值的代表站中，青海湖水系布哈河布哈河口站、沙柳河刚察站分别偏多 196.6%和 76.8%，柴达木河支流察汗乌苏站偏多 122.6%。塔里木河卡群站、新渠满站分别偏多 35.8%和 68.5%；开都河焉耆站偏多 12.3%；格尔木河格尔木站偏多 51.9%；黑河中游正义峡站偏多 0.5%、下游莺落峡偏多 10.6%；疏勒河昌马堡站偏多 48.6%。西北诸河区代表性河流逐月实测径流量见图 3－22。

卡群水文站位于叶尔羌河上游，日平均水位流量过程见图 3－23。2024 年全年最高水位为 1457.06m，最大流量为 1530m³/s，发生在 8 月 8 日；全年最低水位为 1454.17m，最小流量为 70.0m³/s，发生在 5 月 27 日。全年平均水位为 1454.87m，年平均流量为 289m³/s，年径流总量为 91.30 亿 m³，在 71 年年实测径流量系列中排第 3 位，为丰水年。

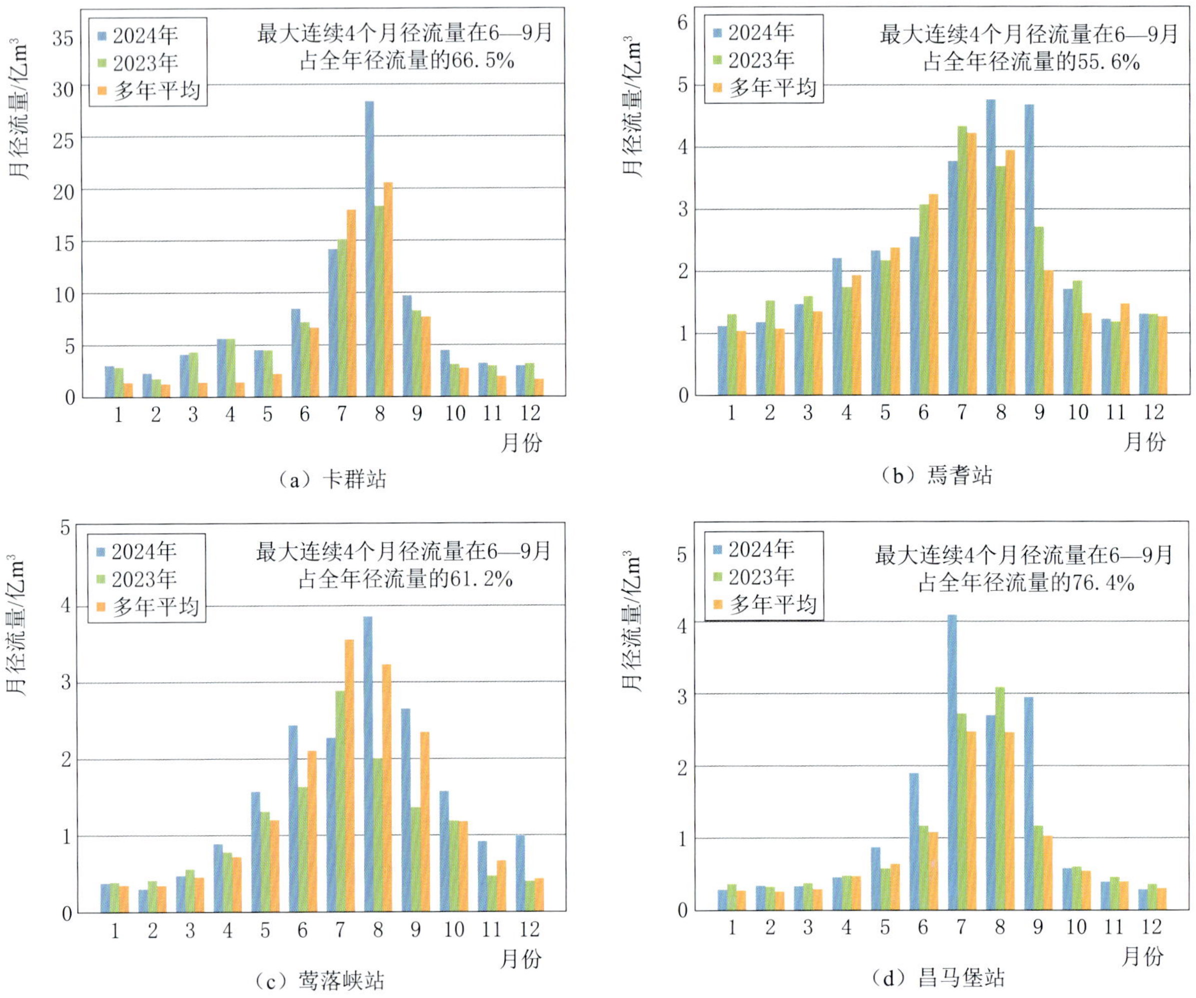

月径流量/亿m³
2024年
2023年
多年平均
最大连续4个月径流量在6—9月占全年径流量的66.5%
(a) 卡群站
最大连续4个月径流量在6—9月占全年径流量的55.6%
(b) 焉耆站
最大连续4个月径流量在6—9月占全年径流量的61.2%
(c) 莺落峡站
最大连续4个月径流量在6—9月占全年径流量的76.4%
(d) 昌马堡站
月份

图 3-22 西北诸河区部分代表站 2024 年、2023 年和逐月多年平均实测径流量

流量/(m³/s)
水位/m
日平均流量
日平均水位
年平均水位：1454.87m
年平均流量：289m³/s
日期

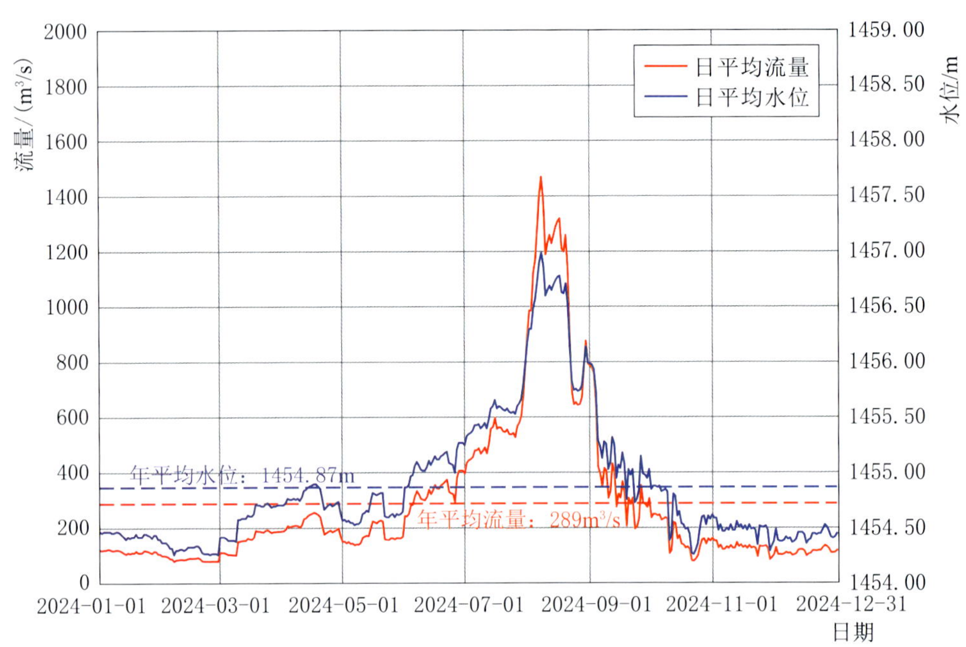

图 3-23 卡群站 2024 年日平均水位流量过程

黄河湾（龙虎　摄）

第四章 泥　沙

一、概述

2024年，我国主要河流输沙量总计为4.11亿t，较2023年输沙量2.04亿t增加1.02倍，较近10年平均值3.52亿t偏多16.8%，较多年平均值14.5亿t偏少71.7%。我国主要河流平均输沙模数为104t/(a·km^2)，较2023年平均输沙模数51.3t/（a·km^2）增加1.03倍，较多年平均年输沙模数365t/(a·km^2）偏少71.5%。

2024年，我国主要河流泥沙代表站中，黄河潼关站的平均含沙量最大，为5.76kg/m^3，较2023年平均含沙量3.53kg/m^{3}增加63.2%，较多年平均含沙量27.5kg/m^{3}偏少79.1%。塔里木河和疏勒河泥沙代表站平均含沙量次之，分别为3.24kg/m^{3}和3.04kg/m^3，其他河流泥沙代表站平均含沙量均小于1.00kg/m^3。

2024年，受洪水影响，致使部分水文站的输沙量显著增加；与多年均值相比，松花江区牡丹江站的输沙量偏多2.21倍；辽河区兴隆坡、王奔、唐马寨和邢家窝棚站输沙量分别偏多73.9%、3.27倍、2.08倍和2.37倍。珠江区龙塘、三滩和加报站的输沙量分别偏多1.43倍、3.77倍和2.33倍。

二、主要河流输沙量

2024年，我国主要河流输沙量差异大。其中，长江大通站和黄河潼关站的年输沙量分别为1.08亿t和1.83亿t，分别占全国主要河流输沙量总和的26.3%和44.5%；海河、钱塘江、闽江、黑河和青海湖区的年输沙量分别为167万t、218万t、332万t、20.6万t和154万t，合计量仅占全国主要河流输沙量总和的2.17%。2024年全国主要河流年输沙量、年平均含沙量、输沙模数等及其与2023年和多年平均值比较情况见表4-1。

表 4－1　　2024 年全国主要河流泥沙特征值

河流		代表站	控制流域面积/万 km^2	年平均含沙量/(kg/m^3)				年输沙量/万 t				输沙模数/[$t/(a\cdot km^2)$]				年平均中数粒径/mm		
				2024年	2023年	近10年平均	多年平均	2024年	2023年	近10年平均	多年平均	2024年	2023年	近10年平均	多年平均	2024年	2023年	多年平均
长江		大通	170.54	0.118	0.066	0.115	0.392	10800	4450	10400	35100	63.3	26.1	61.0	206	0.021	0.012	0.011
黄河		潼关	68.22	5.76	3.53	5.57	27.5	18300	9530	17300	92100	268	140	254	1350	0.012	0.017	0.021
淮河	干流	蚌埠	12.13	0.134	0.091	0.137	0.309	382	184	364	808	31.5	15.2	30.0	66.6			
	沂河	临沂	1.03	0.394	0.042	0.300	0.932	170	6.46	59.8	189	165	6.26	58.1	183			
	小计		13.16	0.169	0.088	0.148	0.354	552	190	424	997	41.9	14.5	32.2	75.8			
海河	永定河	石匣里	2.36	0.050	0.114	0.271	19.4	1.42	3.56	5.75	776	0.602	1.51	2.44	329	0.006	0.018	0.029
	洋河	响水堡	1.45	0.000	0.000	0.000	18.1	0.000	0.000	0.000	531	0.000	0.000	0.000	366			0.027
	滦河	滦县	4.41	0.157	0.000	0.025	2.70	52.2	0.000	4.52	785	11.8	0.000	1.02	178			0.028
	潮河	下会	0.53	0.209	0.000	0.200	2.96	6.38	0.000	3.67	67.8	12.0	0.000	6.92	128			
	白河	张家坟	0.85	1.14	0.506	0.332	2.30	56.3	16.0	10.8	108	66.2	18.8	12.7	127			
	沙河	阜平	0.22	0.973	8.50	3.03	1.83	33.8	540	93.3	44.3	154	2450	424	200	0.020	0.018	0.031
	滹沱河	小觉	1.40	0.247	2.60	1.39	10.3	4.44	102	31.2	578	3.17	72.9	22.3	413	0.011	0.016	0.029
	漳河	观台	1.78	0.000	2.42	2.38	8.31	0.000	229	142	681	0.000	129	79.8	383		0.010	0.021
	卫河	元村集	1.43	0.077	0.163	0.135	1.38	12.6	45.5	20.4	198	8.81	31.8	14.3	138			
	小计		14.43	0.243	1.50	0.599	5.12	167	936	312	3770	11.6	64.9	21.6	261			

续表

河流		代表站	控制流域面积/万 km^2	年平均含沙量/(kg/m^3)				年输沙量/万 t				输沙模数/[$t/(a \cdot km^2)$]				年平均中数粒径/mm		
				2024年	2023年	近10年平均	多年平均	2024年	2023年	近10年平均	多年平均	2024年	2023年	近10年平均	多年平均	2024年	2023年	多年平均
珠江	西江	高要	35.15	0.110	0.038	0.086	0.258	2730	481	1880	5650	77.7	13.7	53.5	161			
	北江	石角	3.84	0.136	0.063	0.101	0.127	810	224	439	525	211	58.3	114	137			
	东江	博罗	2.53	0.059	0.027	0.045	0.094	204	45.2	97.2	217	80.6	17.9	38.4	85.5			
	韩江	潮安	2.91	0.206	0.065	0.099	0.227	698	127	227	557	240	43.6	78.0	191			
	南渡江	龙塘	0.68	0.090	0.014	0.045	0.058	80.3	8.10	24.5	33.0	118	11.9	36.0	48.6			
	小计		45.11	0.117	0.044	0.085	0.223	4520	885	2670	6980	100	19.6	59.1	155			
松花江	干流	哈尔滨	38.98	0.103	0.097	0.088	0.140	540	446	407	570	13.9	11.4	10.4	14.6			
	呼兰河	秦家	0.98	0.049	0.034	0.065	0.077	10.6	6.21	15.2	17.0	10.8	6.34	15.5	17.3			
	牡丹江	牡丹江	2.22	0.348	0.647	0.315	0.207	337	545	213	105	152	245	95.9	47.3			
	小计		42.18	0.138	0.177	0.115	0.144	888	997	635	692	21.0	23.6	15.1	16.4			
辽河	柳河	新民	0.56	3.30	10.0	6.35	16.6	77.0	233	101	331	138	416	180	591			
	太子河	唐马寨	1.12	0.733	0.056	0.203	0.391	292	11.2	50.6	94.7	261	10.0	45.2	84.6	0.014	0.039	0.036
	浑河	邢家窝棚	1.11	0.711	0.058	0.246	0.376	245	10.3	48.7	72.7	221	9.28	43.9	65.5	0.041	0.056	0.044
	辽河	铁岭	12.08	0.897	0.594	0.492	3.47	636	225	174	992	52.6	18.6	14.4	82.1	0.084	0.039	0.029
	小计		14.87	0.847	0.614	0.458	2.01	1250	480	374	1490	84.1	32.2	25.2	100			
钱塘江	兰江	兰溪	1.82	0.087	0.048	0.118	0.132	200	56.5	230	227	110	31.0	126	125			
	曹娥江	上虞东山	0.44	0.041	0.025	0.066	0.093	10.0	3.48	20.3	32.1	22.9	7.96	46.1	73.0			
	浦阳江	诸暨	0.17	0.060	0.054	0.058	0.134	7.76	2.86	7.09	16.0	45.1	16.6	41.7	94.1			
	小计		2.43	0.082	0.046	0.108	0.126	218	62.8	257	275	89.6	25.9	106	113			

续表

河流		代表站	控制流域面积/万 km²	年平均含沙量/(kg/m³)				年输沙量/万 t				输沙模数/[t/(a·km²)]				年平均中数粒径/mm		
				2024年	2023年	近10年平均	多年平均	2024年	2023年	近10年平均	多年平均	2024年	2023年	近10年平均	多年平均	2024年	2023年	多年平均
闽江	干流	竹岐	5.45	0.054	0.011	0.039	0.097	325	45.5	212	525	59.6	8.35	38.9	96.3			
	大樟溪	永泰(清水壑)	0.40	0.023	0.121	0.071	0.138	6.80	29.8	21.6	50.9	16.9	73.9	54.0	126			
	小计		5.85	0.053	0.016	0.040	0.100	332	75.3	234	576	56.7	12.9	39.9	98.5			
塔里木河	开都河	焉耆	2.25	0.059	0.031	0.030	0.230	16.8	8.20	9.02	63.2							
	塔里木河干流	阿拉尔	12.79	4.44	4.24	3.24	4.23	3300	2200	1860	1990							
	小计		15.04	3.24	2.81	2.14	2.82	3320	2198	1870	2050	221	146	124	136			
黑河		莺落峡	1.00	0.112	0.660	0.465	1.15	20.6	89.0	90.8	193	20.6	89.0	90.8	193			
疏勒河	昌马河	昌马堡	1.10	3.33	2.97	3.43	3.38	509	350	515	348	463	318	468	316			
	党河	党城湾	1.43	2.01	0.832	1.48	1.96	85.7	32.8	64.6	73.0	59.9	22.9	45.2	51.0			
	小计		2.53	3.04	2.44	2.99	3.00	595	383	580	421	235	151	229	166			
青海湖区	布哈河	布哈河口	1.43	0.442	0.506	0.428	0.439	123	53.9	75.0	41.5	86.0	37.7	52.4	28.9			
	沙柳河	刚察	0.14	0.620	1.12	0.439	0.295	30.8	31.3	16.3	8.44	220	224	116	58.5			
	小计		1.57	0.469	0.630	0.430	0.410	154	85.2	91.3	49.9	98.0	54.3	58.2	31.8			
全国合计			396.93	0.264	0.191	0.244	1.01	41100	20400	35200	145000	104	51.3	88.8	365			

与2023年相比，长江大通站和黄河潼关站的输沙量分别增加1.43倍和92.0%，海河区、松花江区和黑河的输沙量分别减少82.2%、10.9%和76.9%，塔里木河、疏勒河和青海湖区的输沙量分别增加50.8%、55.4%和80.8%，其他区的输沙量增加1.60～4.11倍；长江大通站和黄河潼关站的平均含沙量分别增加78.7%和63.4%，海河区、松花江区、黑河和青海湖区的平均含沙量减少21.7%～83.7%，闽江和珠江区的平均含沙量分别增加2.21倍和1.70倍，其他区的平均含沙量增加15.3%～92.4%。

与近10年平均值相比，长江大通站和黄河潼关站的输沙量分别偏多3.8%和5.8%；海河区、钱塘江和黑河的输沙量分别偏少46.5%、15.2%和77.3%，辽河区的输沙量偏多2.34倍，其他区的输沙量偏多2.6%～77.8%；长江大通站和黄河潼关站的平均含沙量分别偏多3.2%和3.5%，海河区、钱塘江和黑河的平均含沙量分别偏少59.5%、24.2%和75.9%，其他区的平均含沙量偏多1.7%～84.9%。

与多年均值相比，长江大通站和黄河潼关站的输沙量分别偏少69.2%和80.1%，松花江、塔里木河和疏勒河的输沙量分别偏多28.3%、61.8%、41.3%，青海湖区偏多2.09倍，其他区的输沙量偏少16.1%～95.6%；长江大通站和黄河潼关站的平均含沙量分别偏少69.9%和79.1%，塔里木河、疏勒河、青海湖区的平均含沙量分别偏多15.0%、1.3%和14.6%，其他区的平均含沙量偏少3.9%～95.2%。

三、代表站输沙量

综合考虑泥沙观测资料系列的长度、完整性与代表性，在全国选择91处国家基本水文站作为代表站进行实测输沙量分析，具体见表4-2。

表4-2　代表站输沙量

分区	河流	代表站	年输沙量/万t				与2023年比较/%	与近10年值比较/%	与多年平均比较/%
			2024年	2023年	近10年值	多年平均			
松花江	嫩江	江桥	134	689	376	219	−80.6	−64.4	−38.8
	嫩江	大赉	81.8	314	285	176	−73.9	−71.3	−53.5
	松花江吉林段	扶余	134	43.4	79.9	189	208.8	67.7	−29.1
	干流	哈尔滨	540	446	407	570	21.1	32.7	−5.3
	呼兰河	秦家	10.6	6.21	15.2	17.0	70.7	−30.3	−37.6
	牡丹江	牡丹江	337	545	213	105	−38.2	58.2	221.0
辽河	老哈河	兴隆坡	2000	1.91	207	1150	104612	866.2	73.9
	西拉木伦河	巴林桥	464	142	222	388	226.8	109.0	19.6
	东辽河	王奔	178	45.5	49.1	41.7	291.2	262.5	326.9
	柳河	新民	77.0	233	101	331	−67.0	−23.8	−76.7
	太子河	唐马寨	292	11.2	50.6	94.7	2507	477.1	208.3
	浑河	邢家窝棚	245	10.3	48.7	72.7	2278.6	403.1	237.0
	干流	铁岭	636	225	174	992	182.7	265.5	−35.9
	干流	六间房	494	348	229	337	42.0	115.7	46.6

续表

分区	河流	代表站	年输沙量/万 t				与2023年比较/%	与近10年值比较/%	与多年平均比较/%
			2024年	2023年	近10年值	多年平均			
海河	永定河	石匣里	1.42	3.56	5.75	776	−60.1	−75.3	−99.8
	洋河	响水堡	0.000	0.000	0.000	531	—	—	−100.0
	永定河	雁　翅	0.000	30.1	3.08	10.1	−100.0	−100.0	−100.0
	滦河	滦　县	52.2	0.000	4.52	785	—	1054.9	−93.4
	潮河	下　会	6.38	0.000	3.67	67.8	—	73.8	−90.6
	白河	张家坟	56.3	16.0	10.8	108	251.9	421.3	−47.9
	干流	海河闸	0.000	0.000	0.013	6.02	—	−100.0	−100.0
	沙河	阜　平	33.8	540	93.3	44.3	−93.7	−63.8	−23.7
	滹沱河	小　觉	4.44	102	31.2	578	−95.6	−85.8	−99.2
	漳河	观　台	0.000	229	142	681	−100	−100.0	−100.0
	卫河	元村集	12.6	45.5	20.4	198	−72.3	−38.2	−93.6
黄河	黄河干流	唐乃亥	760	1250	1100	1200	−39.2	−30.9	−36.7
		兰　州	3000	840	2350	6100	257.1	27.7	−50.8
		头道拐	6430	2390	6040	9870	169	6.5	−34.9
		龙　门	10800	4720	13300	63300	128.8	−18.8	−82.9
		潼　关	18300	9530	17300	92100	92.0	5.8	−80.1
		小浪底	20500	14400	19500	84400	42.4	5.1	−75.7
		花园口	20000	12300	16800	79200	62.6	19.0	−74.7
		高　村	19500	12700	18700	71000	53.5	4.3	−72.5
		艾　山	19100	11300	18200	68600	69.0	4.9	−72.2
		利　津	15900	9690	15600	63800	64.1	1.9	−75.1
淮河	干流	息　县	8.40	69.4	58.1	191	−87.9	−85.5	−95.6
	干流	鲁台子	206	275	280	726	−25.1	−26.4	−71.6
	干流	蚌　埠	382	184	364	808	107.6	4.9	−52.7
	史河	蒋家集	39.6	2.88	27.1	54.8	1275.0	46.1	−27.7
	颍河	阜　阳	64.6	19.4	47	240	233.0	37.4	−73.1
	涡河	蒙　城	41.9	2.28	7.92	12.6	1737.7	429.0	232.5
	沂河	临　沂	170	6.46	59.8	189	2531.6	184.3	−10.1
长江	长江干流	直门达	1510	2350	1350	1000	−35.7	11.9	51.0
		石　鼓	1530	1700	2870	2680	−10.0	−46.7	−42.9
		攀枝花	150	180	240	4300	−16.7	−37.5	−96.5
		向家坝	60.0	60.0	110	20600	0.0	−45.5	−99.7
		朱　沱	2820	1220	3680	25100	131.1	−23.4	−88.8

续表

分区	河流	代表站	年输沙量/万 t				与2023年比较/%	与近10年值比较/%	与多年平均比较/%
			2024年	2023年	近10年值	多年平均			
长江	长江干流	寸 滩	4870	2210	6530	35300	120.4	−25.4	−86.2
		宜 昌	770	200	1310	37600	285.0	−41.2	−98.0
		沙 市	1070	520	2180	32600	105.8	−50.9	−96.7
		汉 口	5460	3400	6160	31700	60.6	−11.4	−82.8
		大 通	10800	4450	10400	35100	142.7	3.8	−69.2
东南诸河	衢江	衢 州	72.8	26.1	76.0	101	178.9	−4.2	−27.9
	兰江	兰 溪	200	56.5	230	227	254.0	−13.0	−11.9
	曹娥江	上虞东山	10.0	3.48	20.3	32.1	187.4	−50.7	−68.8
	浦阳江	诸 暨	7.76	2.86	7.09	16.0	171.3	9.4	−51.5
	闽江	竹 岐	325	45.5	212	525	614.3	53.3	−38.1
	建溪	七里街	358	78.6	197	150	355.5	81.7	138.7
	富屯溪	洋 口	350	95.6	193	136	266.1	81.2	157.4
	沙溪	沙县（石桥）	82.1	15.2	126	109	440.1	−34.8	−24.7
	大漳溪	永泰（清水壑）	6.80	29.8	21.6	50.9	−77.2	−68.5	−86.6
珠江	南盘江	小龙潭	84.1	61.5	178	427	36.7	−52.8	−80.3
	北盘江	大渡口	49.0	87.7	160	822	−44.1	−69.4	−94.0
	红水河	迁 江	148	36.1	117	3280	310.0	26.5	−95.5
	柳江	柳 州	710	5.58	1060	570	12624.0	−33.0	24.6
	郁江	南 宁	510	72.7	220	770	601.5	131.8	−33.8
	浔江	大湟江口	2050	145	1470	4760	1313.8	39.5	−56.9
	桂江	平 乐	158	34.3	138	139	360.6	14.5	13.7
	西江	梧 州	1970	227	1530	5280	767.8	28.8	−62.7
	西江	高 要	2730	481	1880	5650	467.6	45.2	−51.7
	北江	石 角	810	224	439	525	261.6	84.5	54.3
	东江	博 罗	204	45.2	97.2	217	351.3	109.9	6.0
	韩江	潮 安	698	127	227	557	449.6	207.5	25.3
	南渡江	龙 塘	80.3	8.10	24.5	33.0	891.4	227.8	143.3
	新吴溪	三 滩	51.5	9.78	11.85	10.8	426.6	334.6	376.9
	万泉河	加 积	52.5	8.55	13.38	33.4	514.0	292.4	57.2
	定安河	加 报	62.6	3.47	10.68	18.8	1704.0	486.1	233.0
	昌化江	宝 桥	10.8	29.4	42.41	64.1	−63.2	−74.5	−83.2
西北诸河	开都河	焉 耆	16.8	8.20	9.02	63.2	104.9	86.3	−73.4
	开都河	大山口	9.97	6.35	3.28	43.6	57.0	204.0	−77.1
	阿克苏河	西大桥	2380	1710	1871	1710	39.2	27.2	39.2
	叶尔羌河	卡 群	1090	175	2000	3070	522.9	−45.5	−64.5

续表

分区	河流	代表站	年输沙量/万 t				与 2023 年比较/%	与近 10 年值比较/%	与多年平均比较/%
			2024 年	2023 年	近 10 年值	多年平均			
西北诸河	玉龙喀什河	同古孜洛克	2280	1020	1646	1230	123.5	38.5	85.4
	塔里木河	阿拉尔	3300	2190	1857	1990	50.7	77.7	65.8
	黑河	莺落峡	20.6	89.0	90.8	193	−76.9	−77.3	−89.3
	黑河	正义峡	18.1	24.6	88.4	138	−26.4	−79.5	−86.9
	昌马河	昌马堡	509	350	515	348	45.4	−1.2	46.3
	党河	党城湾	85.7	32.8	64.6	73.0	161.3	32.7	17.4
	布哈河	布哈河口	123	53.9	75.0	41.5	128.2	64.0	196.4
	沙柳河	刚 察	30.8	31.3	16.3	8.44	−1.6	89.0	264.9
	巴音河	德令哈	31.5	5.14	39.6	32.6	512.8	−20.5	−3.4

2024 年，代表站的输沙量与 2023 年相比，增加、持平和减少的代表站分别占 72.5%、3.3%和 24.2%，如图 4-1 所示。其中，松花江区有增有减，海河区、黑河以减少为主，其他区以增加为主。

图 4-1　2024 年全国主要水文代表站实测输沙量与 2023 年偏差百分比

2024 年，全国主要代表站的输沙量与近 10 年平均值相比，偏多、持平和偏少的代表站分别占 58.2%、40.7%和 1.1%，如图 4－2 所示。其中，松花江区、辽河区、淮河区和珠江区以偏多为主。

图 4－2　2024 年全国主要水文代表站实测输沙量与近 10 年均值偏差百分比

2024 年，全国主要代表站的输沙量与多年平均值相比，71.4%的代表站实测输沙量偏少，28.6%的代表站实测输沙量偏多，如图 4－3 所示。其中，海河区和黄河主要水文代表站年实测输沙量分别偏少 23.7%～100%和 34.9%～82.9%。

（一）松花江区

2024 年，松花江区实测输沙量与 2023 年相比，扶余站增加 2.09 倍，哈尔滨和秦家站分别增加 21.1% 和 70.7%，江桥、大赉和牡丹江站分别减少 80.6%、73.9% 和 38.2%。

与近 10 年平均值比较，扶余、哈尔滨和牡丹江站分别偏多 67.7%、32.7% 和 58.2%，江桥、大赉和秦家站分别偏少 64.4%、71.3%和 30.3%。

与多年平均值相比，牡丹江站偏多 2.21 倍，其他站偏少 5.3%（哈尔滨站）～53.5%（大赉站）。

松花江区代表站 6—9 月的输沙量占全年的 73.4%～96.0%，其中哈尔滨、江桥、扶余和大赉站分别为 84.9%、73.4%、87.9%和 81.4%，部分代表站实测输沙量逐月变化过程见图 4－4。

图 4－3　2024 年全国主要水文代表站实测输沙量与多年平均值偏差百分比

（二）辽河区

2024 年，辽河区实测输沙量与 2023 年相比，兴隆坡、唐马寨和邢家窝棚站均增加数十倍以上，巴林桥、王奔和铁岭站分别增加 2.27 倍、2.91 倍和 1.83 倍，六间房站增加 42.0%，新民站减少 67.0%。

与近 10 年平均值比较，新民站偏少 23.8%，其他站偏多 1.16 倍（六间房站）～8.66 倍（兴隆坡站）。

与多年平均值比较，王奔、唐马寨和邢家窝棚站分别偏多 3.27 倍、2.08 倍和 2.37 倍，兴隆坡、巴林桥和六间房站分别偏多 73.9%、19.6%和 46.6%，新民和铁岭站分别偏少 76.7%和 35.9%。

辽河区代表站 7—9 月的输沙量占全年的 66.7%～100%，其中铁岭、巴林桥、兴隆坡和型家窝棚站分别为 94.4%、95.7%、100%和 99.5%，部分代表站实测输沙量逐月变化过程见图 4－5。

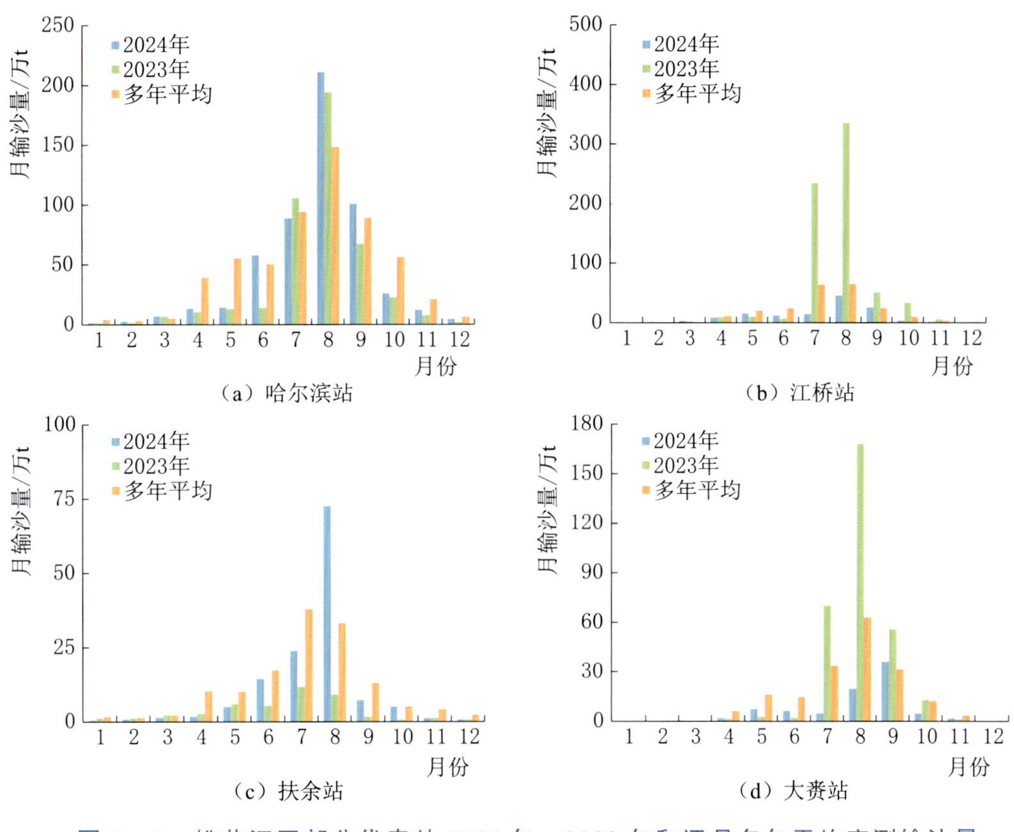

图 4－4　松花江区部分代表站 2024 年、2023 年和逐月多年平均实测输沙量

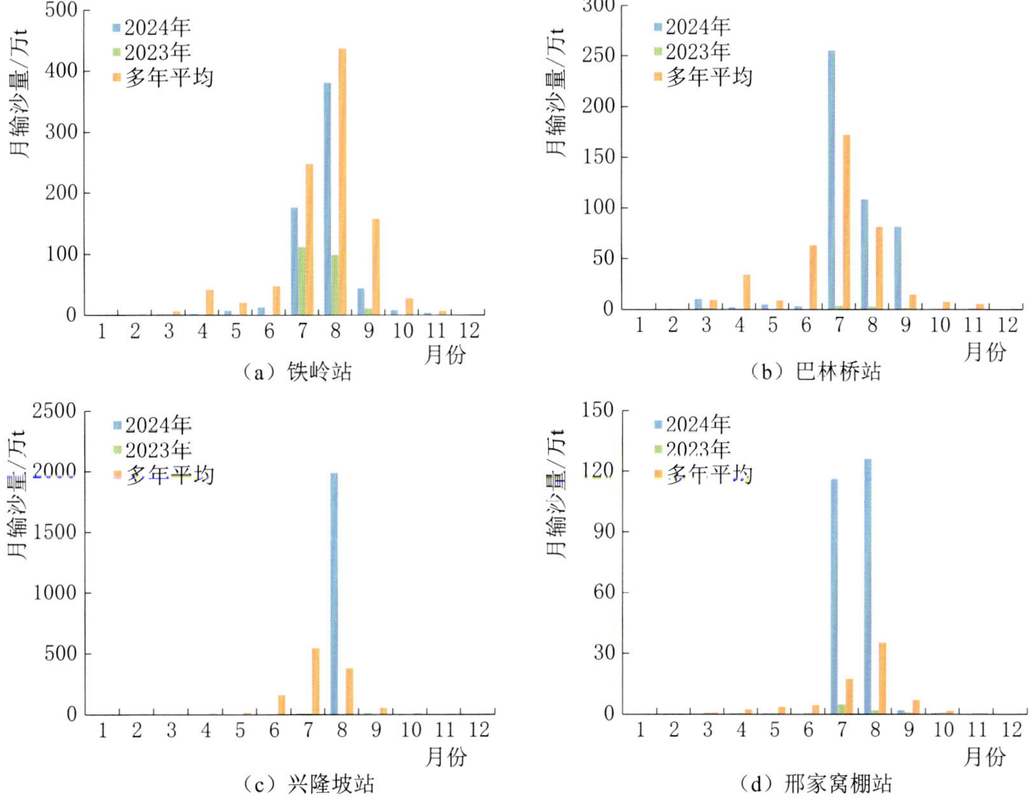

图 4－5　辽河区部分代表站 2024 年、2023 年和逐月多年平均实测输沙量

（三）海河区

2024 年，海河区实测输沙量与 2023 年相比，张家坟站增加 2.52 倍，雁翅和观台站均减少 100%，石匣里、阜平、小觉和元村集站分别减少 60.1%、93.7%、95.6% 和 72.3%，响水堡和海河闸站 2023 年和 2024 年输沙量均近似为 0，滦县和下会站 2023 年输沙量近似为 0。

与近 10 年平均值比较，滦县站和张家坟站分别偏大 10.54 倍和 4.21 倍，下会站偏大 73.8%，雁翅、海河闸和观台站均偏小 100%，响水堡站近 10 年输沙量近似为 0，其他站偏少 38.2%（元村集站）～85.8%（小觉站）。

与多年平均值比较，石匣里、响水堡、雁翅、海河闸、小觉和观台站均偏少近 100%，其他站偏少 23.7%（阜平站）～93.6%（元村集站）。

响水堡、雁翅、海河闸和观台站年输沙量近似为 0，其他站年输沙量全部都集中在 6—10 月。部分代表站的实测输沙量逐月变化过程见图 4－6。

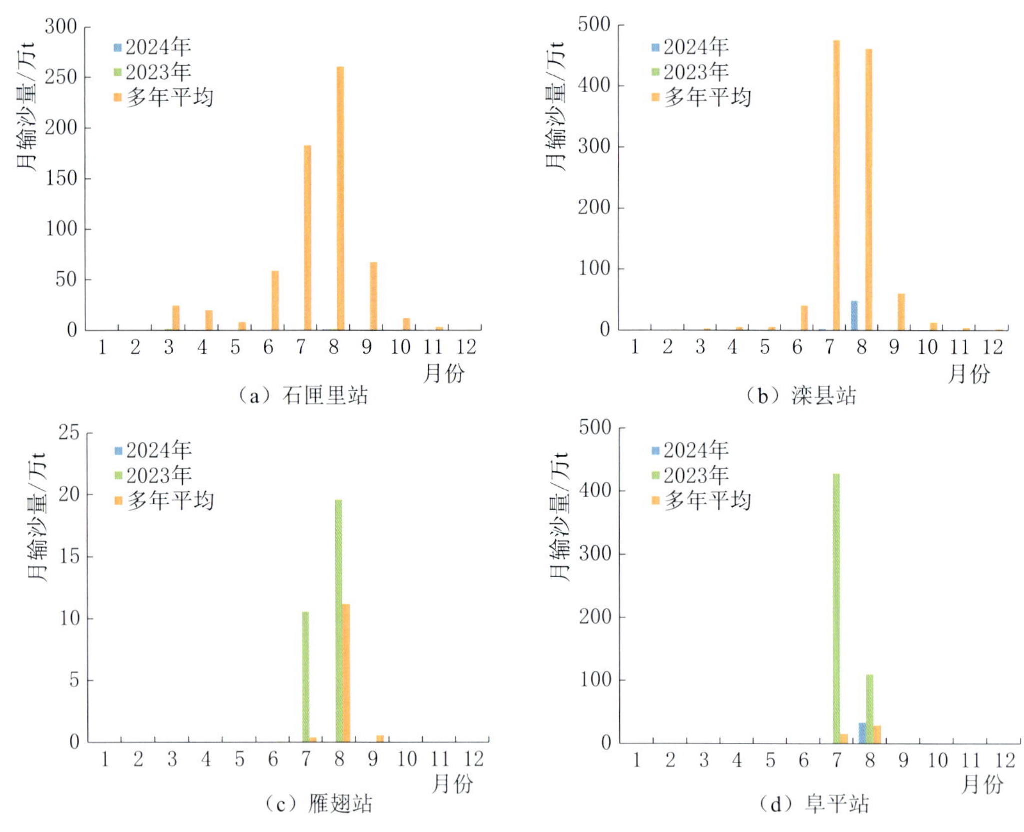

图 4－6　海河区部分代表站 2024 年、2023 年和逐月多年平均实测输沙量

（四）黄河区

2024 年，黄河区实测输沙量与 2023 年相比，唐乃亥站减少 39.2%，兰州、头道拐和龙门站分别增加 2.57 倍、1.69 倍和 1.29 倍，其他站增加 42.4%（小浪底站）～92.0%（潼关站）。

与近 10 年平均值比较，唐乃亥站和龙门站分别偏少 30.9% 和 18.8%，其他站偏多

1.9%（利津站）～27.7%（兰州站）。

与多年平均值相比，各站偏少34.9%（头道拐站）～82.9%（龙门站）。

黄河区代表站7—10月的输沙量占全年的46.7%～100%，其中潼关、兰州、头道拐和龙门站分别为90.1%、89.3%、71.1%和89.6%，部分代表站实测输沙量逐月变化过程见图4-7。

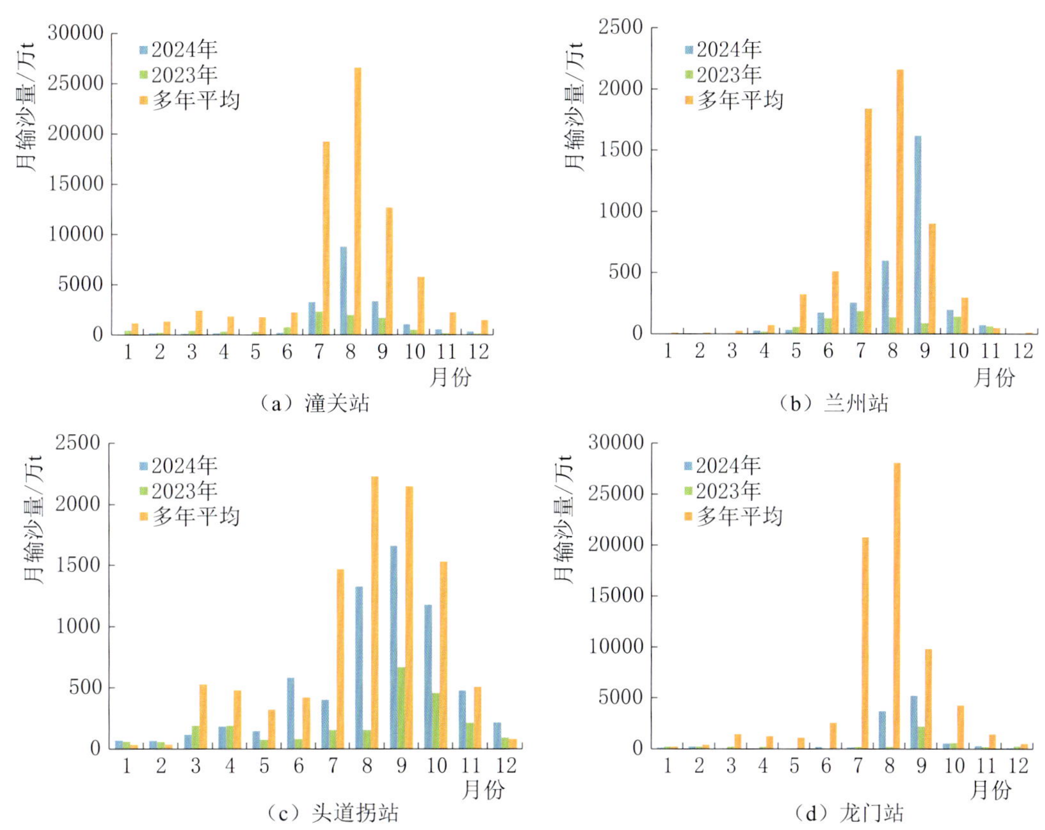

图4-7　黄河区部分代表站2024年、2023年和逐月多年平均实测输沙量

（五）淮河区

2024年，淮河区实测输沙量与2023年相比，息县和鲁台子站分别减少87.9%和25.1%，其他站增加1.08倍（蚌埠站）～25.3倍（临沂站）。

与近10年平均值比较，息县站和鲁台子站分别偏少85.5%和26.4%，蒙城和临沂各站偏多4.29倍和1.84倍，蒋家集、阜阳和蚌埠站分别偏大46.1%、37.4%和4.9%。

与多年平均值相比，蒙城站偏多2.33倍，其他站偏少10.1%（临沂站）～95.6%（息县站）。

淮河区代表站7月的输沙量占全年的78.5%～100%，其中蚌埠、临沂、蒙城和临沂站分别为84.4%和99.6%、96.8%和99.6%，部分代表站实测输沙量逐月变化过程见图4-8。

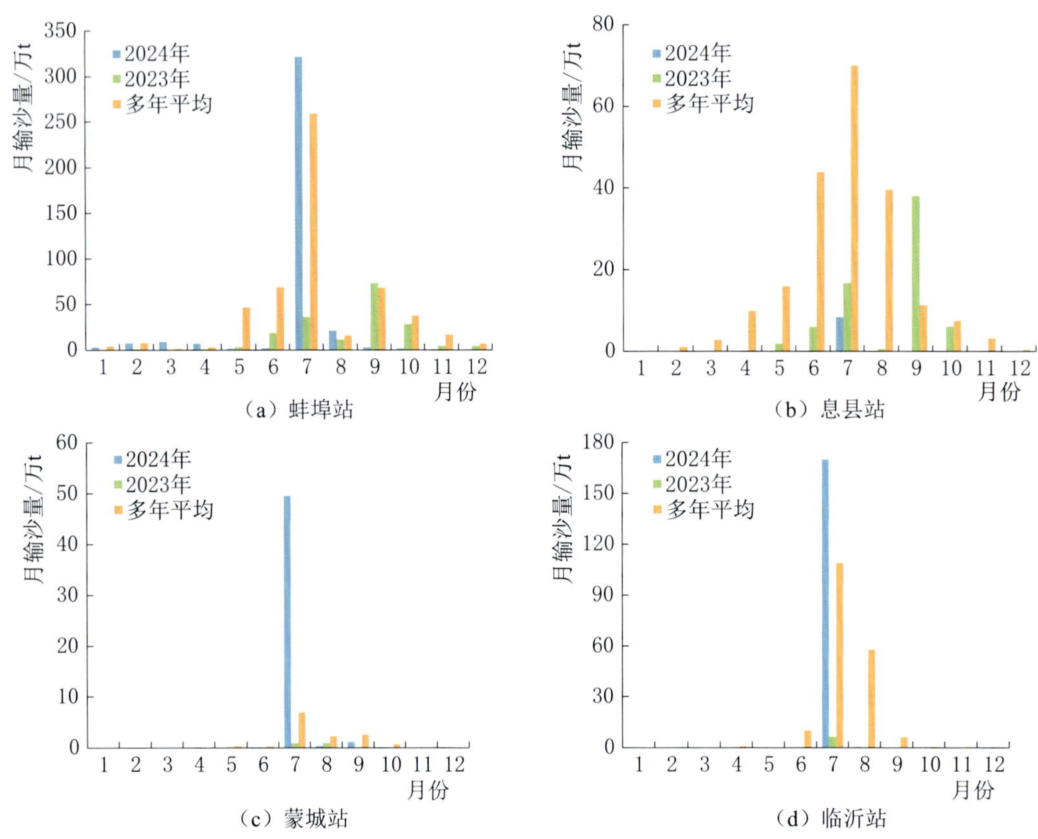

图 4-8 淮河区部分代表站 2024 年、2023 年和逐月多年平均实测输沙量

(六) 长江区

2024 年，长江区实测输沙量与 2023 相比，直门达、石鼓和攀枝花站分别减少 35.7%、10.0%和 16.7%，向家坝站持平，汉口站增加 60.6%，其他站增加 1.06 倍（沙市站）～2.85 倍（宜昌站）。

与近 10 年平均值比较，直门达站和大通站分别偏多 11.9%和 3.8%，其他站偏少 11.4%（汉口站）～50.9%（沙市站）。

与多年平均值相比，直门达站偏多 51.0%，其他站偏少 42.9%（石鼓站）～99.7%（向家坝站）。

长江区代表站 6—9 月的输沙量占全年的 61.0%～96.0%，其中大通、宜昌、直门达和沙市站分别为 64.5%、92.6%、90.9%和 85.5%，部分代表站实测输沙量逐月变化过程见图 4-9。

(七) 东南诸河区

2024 年，东南诸河区实测输沙量与 2023 年相比，钱塘江各站增加 1.71 倍（诸暨站）～2.54 倍（兰溪站）；闽江永泰（清水壑）站减少 77.2%，其他站增加 2.66 倍（洋口站）～6.14 倍（竹岐站）。

与近 10 年平均值比较，钱塘江诸暨站偏多 9.4%，衢州站、兰溪和上虞东山站分别偏少 4.2%、13.0%和 50.7%；闽江沙县（石桥）站和永泰（清水壑）站分别偏少

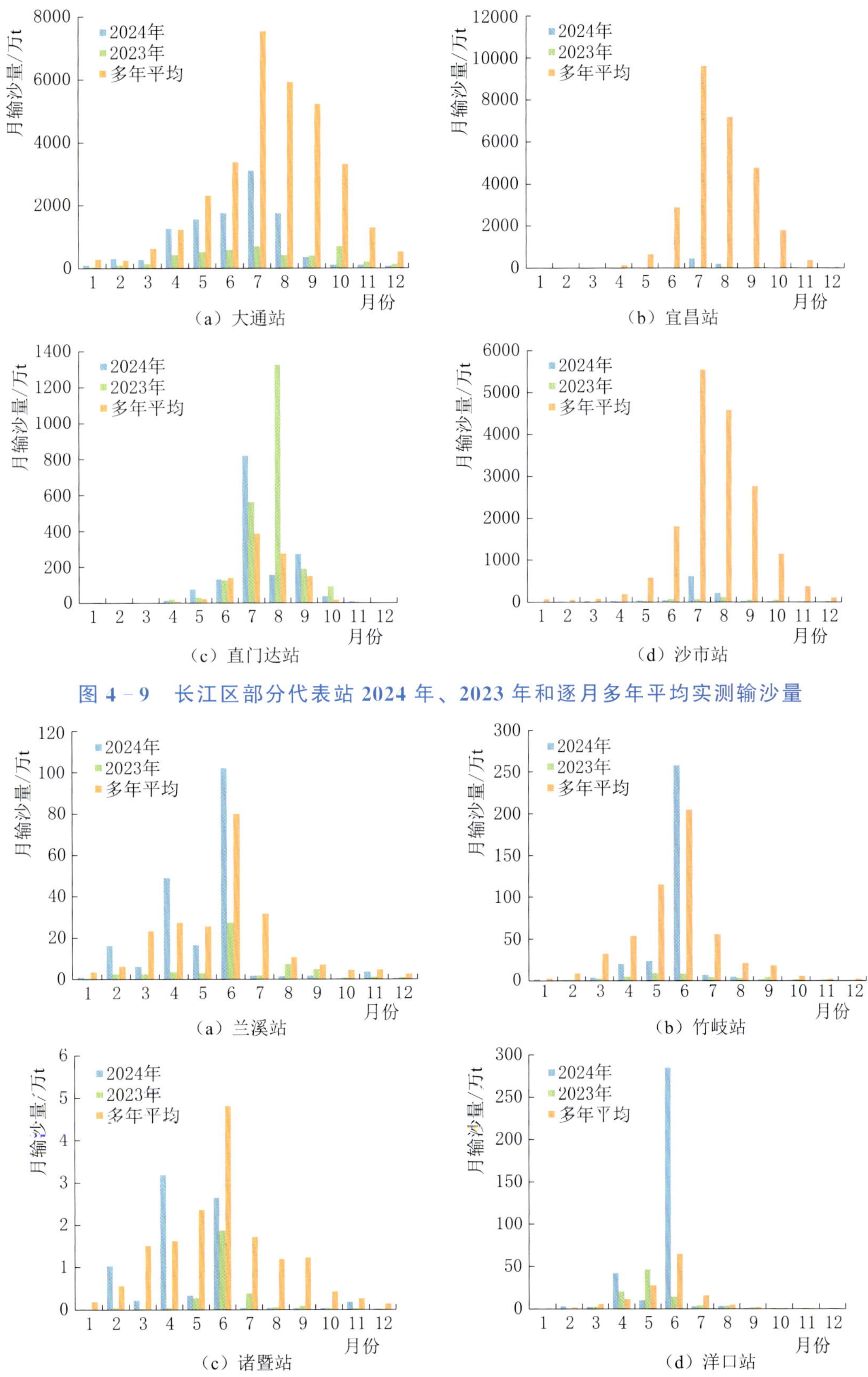

图 4-9　长江区部分代表站 2024 年、2023 年和逐月多年平均实测输沙量

图 4-10　东南诸河区部分代表站 2024 年、2023 年和逐月多年平均实测输沙量

34.8%和68.5%，竹岐、七里街和洋口站分别偏多53.3%、81.7%和81.2%。

与多年平均值相比，钱塘江各站偏少11.9%（兰溪站）～68.8%（上虞东山站）；闽江七里街和洋口站分别偏多1.39倍和1.57倍，其他站偏少24.7%［沙县（石桥）站］～86.6%［永泰（清水壑）站］。

钱塘江代表站3—7月的输沙量占全年的73.9%～87.7%，其中兰溪和诸暨站分别为87.7%和82.8%；闽江代表站6—7月的输沙量占全年65.3%～87.4%，其中竹岐和洋口站分别为81.6%和82.1%。部分代表站实测输沙量逐月变化过程见图4-10。

（八）珠江区

2024年，珠江区实测输沙量与2023年相比，大渡口和宝桥站分别减少44.1%和63.2%，小龙潭站增加36.7%，其他站增加2.62倍（石角站）～126倍（柳州站）。

与近10年平均值比较，小龙潭、大渡口、柳州和宝桥站分别偏少52.8%、69.4%、33.0%和74.5%，其他站偏多14.5%（平乐站）～4.86倍（加报站）。

与多年平均值相比，龙塘、三滩和加报站分别偏多1.43倍、3.77倍和2.33倍，柳州、平乐、石角、潮安和加积站分别偏多25.3%、13.7%、54.3%、24.6%和57.2%，其他站偏少6.0%（博罗站）～95.5%（迁江站）。

珠江区代表站6—10月的输沙量占全年的19.5%～98.4%，其中高要、博罗、柳州和三滩站分别为84.9%、33.7%、96.1%和75.7%，部分代表站实测输沙量逐月变化过程见图4-11。

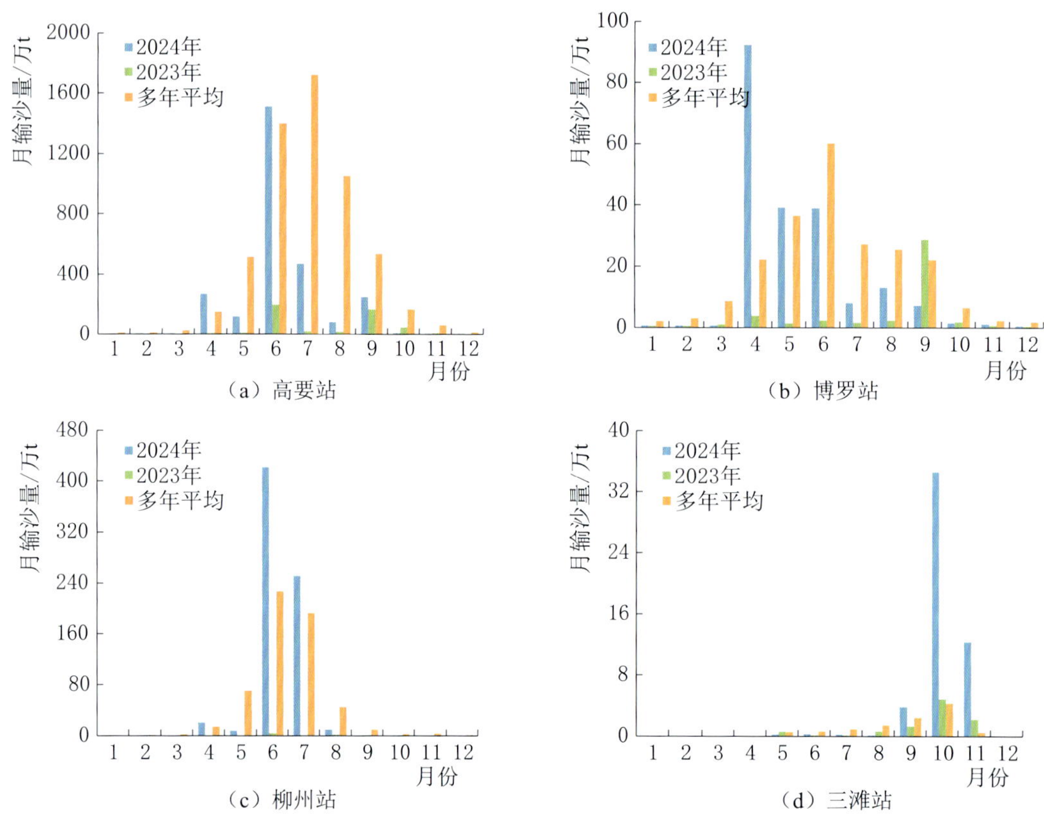

图4-11 珠江区部分代表站2024年、2023年和逐月多年平均实测输沙量

（九）西北诸河区

2024 年，西北诸河区实测输沙量与 2023 年相比，塔里木河大山口、西大桥（新大河）和阿拉尔站分别增加 57.0％、39.2％和 50.7％，焉耆、卡群和同古孜洛克站分别增加 1.05 倍、5.23 倍、1.24 倍；黑河莺落峡和正义峡站分别减少 76.9％和 26.4％；疏勒河昌马堡和党河党城湾站分别增加 45.4％和 1.61 倍；青海湖区布哈河口和德令哈站分别增加 1.28 倍和 5.13 倍，刚察站减少 1.6％。

近 10 年平均值比较，卡群站偏少 45.5％，大山口站分别偏多 2.04 倍，塔里木河其他站偏多 27.2％［西大桥（新大河）站］～86.3％（焉耆站）；莺落峡站和正义峡站分别偏少 77.3％和 79.5％；昌马堡站偏少 1.2％，党城湾站偏多 33％；布哈河口站和刚察站分别偏多 64.0％和 89.0％，德令哈站偏少 20.5％。

与多年平均值相比，西大桥（新大河）、同古孜洛克和阿拉尔站分别偏多 39.2％、85.4％和 65.8％，焉耆、大山口和卡群站分别偏少 73.4％、77.1％和 64.5％；莺落峡和正义峡站分别偏少 89.3％和 86.9％；昌马堡和党城湾站分别偏多 46.3％和 17.4％；布哈河口和刚察站分别偏多 1.96 倍和 2.65 倍，德令哈站偏少 3.4％。

西北诸河区 6—9 月的输沙量占全年的 73.5％～100％，其中阿拉尔、莺落峡、昌马堡和刚察站分别为 97.2％、89.1％、92.8％和 92.1％，部分代表站实测输沙量逐月变化过程见图 4－12。

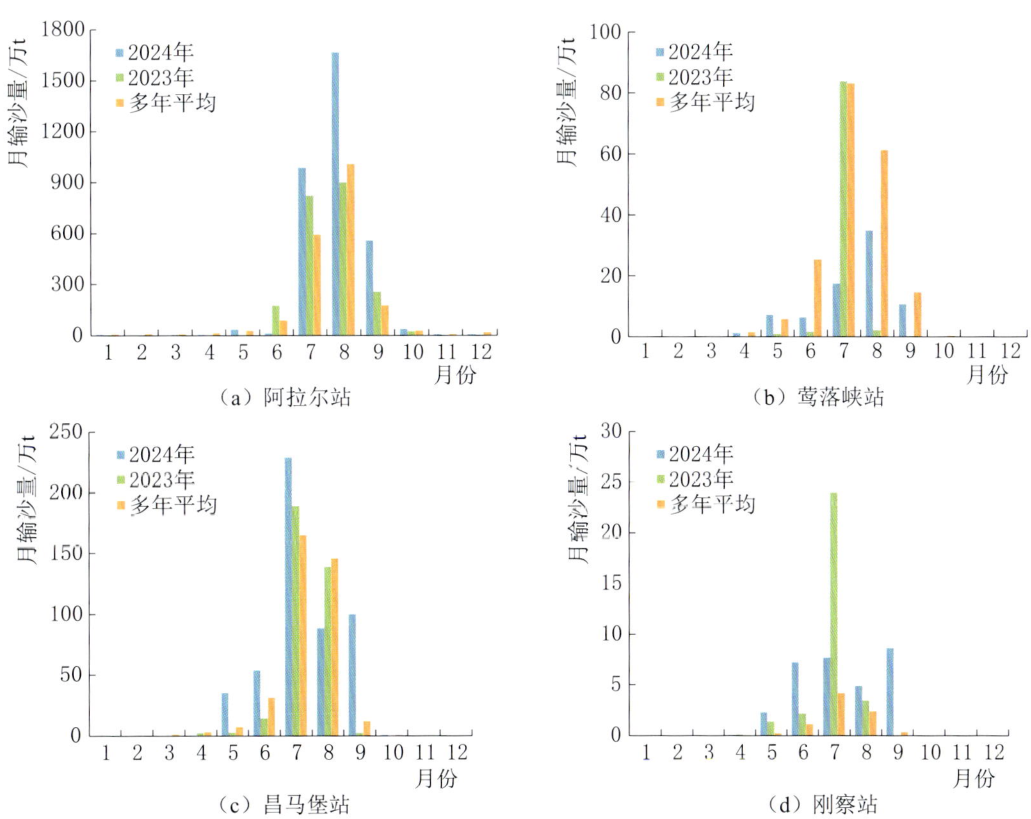

图 4－12　西北诸河区部分代表站 2024 年、2023 年和逐月多年平均实测输沙量

珠江源（王永勇　摄）

第五章 地下水

一、概述

2024年，全国地下水水位总体上升，地下水储量总体增加，泉水流量有所增大，地下水水温相对稳定。与2023年12月相比，22344处地下水监测站中，2024年12月水位呈弱上升或上升态势的监测站占比59.5%。按照不同地下水类型统计水位呈弱上升或上升态势的监测站，浅层地下水监测站占比58.9%，深层地下水监测站占比70.8%，裂隙水监测站占比54.4%，岩溶水监测站占比51.1%。各类型监测站2024年12月水位较2023年12月变化统计见表5-1。

表5-1　各类型监测站2024年12月地下水水位较2023年12月变化统计

类型分级		站点总数/个	水位上升站点个数/个			水位弱上升站点数/个	水位弱下降站点数/个	水位下降站点数/个		
			>2m	1m<～≤2m	0.5m<～≤1m	0≤～≤0.5m	−0.5m≤～<0	−1m≤～<−0.5m	−2m≤～<−1m	<−2m
孔隙水	浅层	16604	1236	1591	1970	4984	3841	1547	962	473
	深层	2632	655	459	319	431	306	154	160	148
裂隙水		1907	97	129	164	647	596	139	77	58
岩溶水		1201	150	100	92	272	331	89	73	94
合计		22344	2138	2279	2545	6334	5074	1929	1272	773

松花江区、辽河区、海河区、黄河区、淮河区、东南诸河区、西北诸河区7个一级区地下水水位呈弱上升或上升态势的监测站占比超过50%。柴达木盆地、辽河平原、琼北台地平原、海河平原等17个

平原和盆地浅层地下水水位呈弱上升或上升态势；海河平原、黄淮平原、大同盆地、准噶尔盆地等10个区域深层地下水水位呈弱上升或上升态势。重点区域中，华北地区、辽河平原（重点）、西辽河流域、松嫩平原（重点）、鄂尔多斯台地、河西走廊（重点）、黄淮地区（重点）、三江平原（重点）、天山南北麓与吐哈盆地9个区域浅层地下水水位呈弱上升或上升态势，华北地区、辽河平原（重点）、黄淮地区（重点）、鄂尔多斯台地、北部湾地区、天山南北麓与吐哈盆地6个区域深层地下水水位呈弱上升或上升态势。省级行政区中，北京、辽宁、天津、吉林等17个省份浅层地下水水位呈弱上升或上升态势的监测站占比超过50%，天津、江西、河北、辽宁、江苏等12个省份深层地下水水位呈弱上升或上升态势的监测站占比超过50%。

二、一级区地下水动态

与2023年12月相比，辽河区、海河区、东南诸河区、松花江区、淮河区、黄河区、西北诸河区共7个一级区2024年12月水位呈弱上升或上升态势的监测站占比超过50%，分别为81.3%、70.9%、61.4%、57.0%、55.9%、54.4%和52.2%；西南诸河区、长江区、珠江区2024年12月水位呈弱上升或上升态势的监测站占比分别为49.5%、49.4%和48.7%。各一级区2024年12月水位较2023年12月变化情况见图5-1。

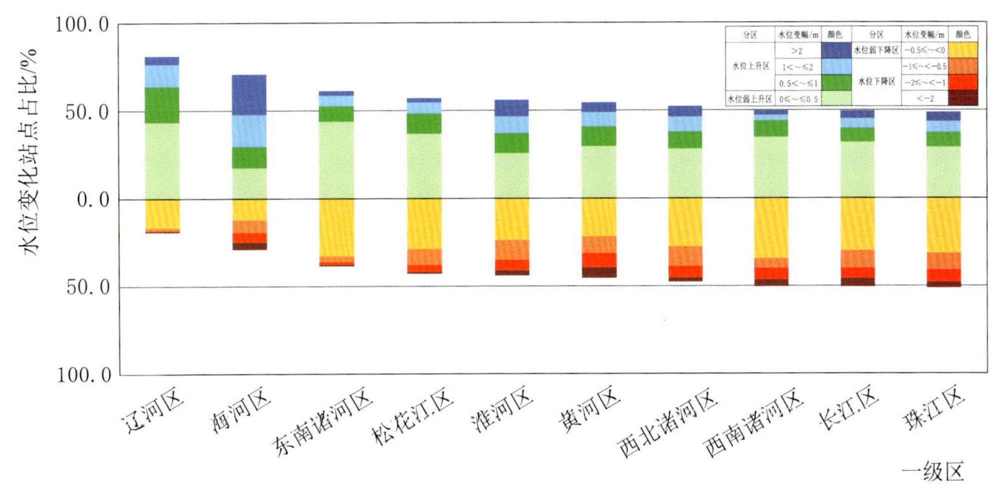

图5-1　一级区2024年12月地下水水位较2023年12月变化

三、各省级行政区地下水动态

与2023年12月相比，29个开展浅层地下水监测的省份[1]中，北京、辽宁、天津、吉林、宁夏、河北、内蒙古、山东、浙江、福建、上海、青海、四川、海南、江苏、西藏、广东共17个省份2024年12月水位呈弱上升或上升态势的监测站占比超过50%；19个开

[1] 重庆仅有裂隙水监测，贵州仅有裂隙水和岩溶水监测，新疆生产建设兵团纳入新疆进行统计。

展深层地下水监测的省份中，天津、江西、河北、辽宁、江苏、吉林、浙江、新疆、上海、内蒙古、山东、陕西、安徽、海南、广东共15个省份2024年12月水位呈弱上升或上升态势的监测站占比超过50%；22个开展裂隙水监测的省份中，山东、辽宁、江苏、吉林、海南、贵州、四川、福建、广东、湖南、甘肃、云南、安徽共13个省份2024年12月水位呈弱上升或上升态势的监测站占比超过50%；16个开展岩溶水监测的省份中，江苏、安徽、北京、山东、辽宁、贵州、福建、湖南共8个省份2024年12月水位呈弱上升或上升态势的监测站占比超过50%。各省份2024年12月地下水水位较2023年12月变化情况见图5-2。

四、主要平原及盆地地下水动态

（1）浅层地下水。与2023年12月相比，29个监测浅层地下水的主要平原及盆地中，柴达木盆地2024年12月水位呈上升态势，平均水位上升0.7m；辽河平原、琼北台地平原、海河平原、河套平原、银川卫宁平原、准噶尔盆地、浙东沿海平原、呼包平原、鄱阳湖平原、穆棱兴凯平原、长江三角洲平原、黄淮平原、成都平原、三江平原、松嫩平原、

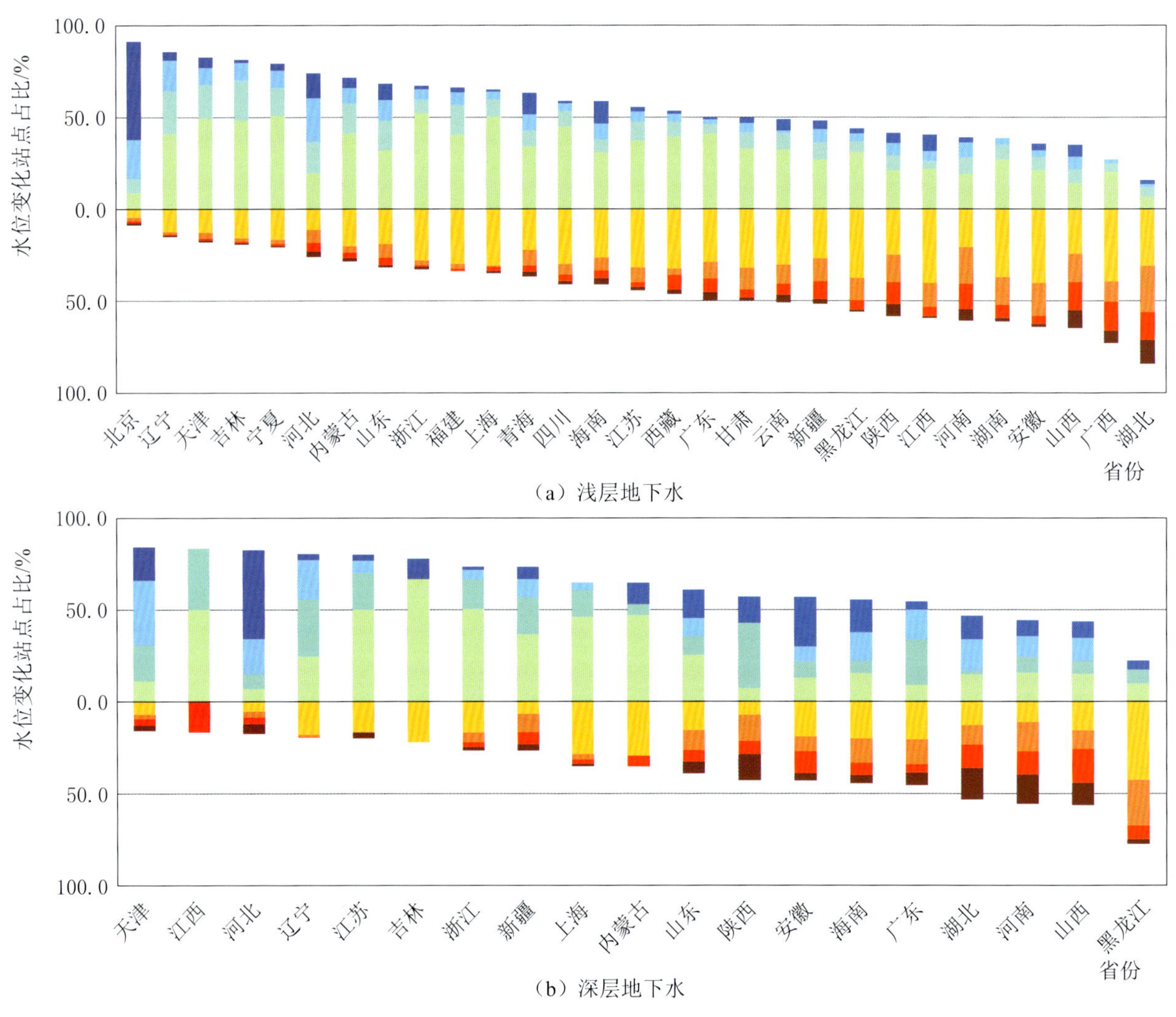

图5-2（一） 省级行政区2024年12月地下水水位较2023年12月变化

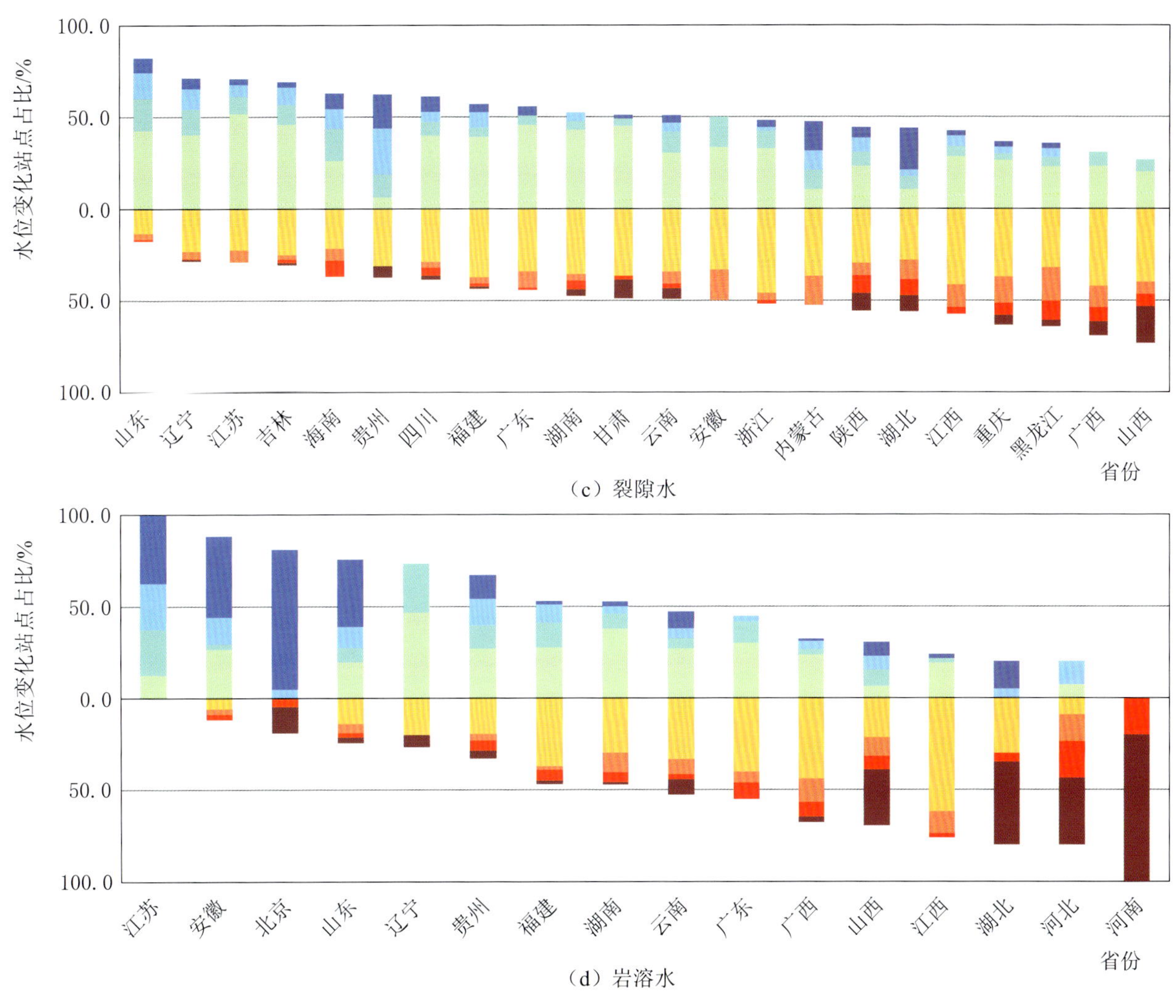

图 5－2（二）　省级行政区 2024 年 12 月地下水水位较 2023 年 12 月变化

大同盆地共 16 个平原及盆地 2024 年 12 月水位呈弱上升态势；忻定盆地、雷州半岛平原、临汾盆地、运城盆地、河西走廊平原、关中平原、珠江三角洲平原、塔里木盆地共 8 个盆地 2024 年 12 月水位呈弱下降态势；长治盆地、太原盆地、河南省南襄山间平原区、江汉平原共 4 个平原及盆地 2024 年 12 月水位呈下降态势，分别下降 1.1m、0.8m、0.8m 和 0.7m。

（2）深层地下水。与 2023 年 12 月相比，19 个监测深层地下水的主要平原及盆地中，海河平原、黄淮平原、大同盆地、准噶尔盆地共 4 个平原及盆地 2024 年 12 月水位呈上升态势，上升幅度为 0.6～1.9m；辽河平原、琼北台地平原、鄱阳湖平原、长江三角洲平原、浙东沿海平原、雷州半岛平原共 6 个平原及盆地 2024 年 12 月水位呈弱上升态势；河南省南襄山间平原区、忻定盆地、临汾盆地、松嫩平原、江汉平原、长治盆地、运城盆地共 7 个平原及盆地 2024 年 12 月水位呈弱下降态势；塔里木盆地、太原盆地 2 个盆地 2024 年 12 月水位呈下降态势，分别下降 1.0m 和 0.7m。全国主要平原及盆地 2023 年 12 月地下水平均埋深较 2023 年 12 月变化统计见表 5－2。

表 5-2　全国主要平原及盆地 2024 年 12 月地下水平均埋深较 2023 年 12 月变化统计

一级区	平原名称	浅层地下水水位变幅/m	浅层地下水平均埋深/m			深层地下水水位变幅/m	深层地下水平均埋深/m		
			2024 年 12 月	2023 年 12 月	2023 年统计口径*		2024 年 12 月	2023 年 12 月	2023 年统计口径*
松花江区	三江平原	0	8.3	8.3	8.2	—	—	—	—
	松嫩平原	0	7.2	7.2	7.2	−0.2	9.9	9.7	8.9
	穆棱兴凯平原	0.2	3.9	4.1	4.7	—	—	—	—
辽河区	辽河平原	0.5	4.4	4.9	4.6	0.5	4.0	4.5	3.9
海河区	海河平原	0.4	11.0	11.4	11.4	1.9	48.9	50.8	50.4
	大同盆地	0	20.0	20.0	18.8	0.6	32.6	33.2	32.3
	忻定盆地	−0.5	16.9	16.4	16.2	−0.4	13.9	13.5	14.0
	长治盆地	−1.1	10.4	9.3	9.8	−0.1	11.2	11.1	13.2
淮河区、黄河区	黄淮平原	0.1	6.0	6.1	4.0	0.7	30.9	31.6	20.5
黄河区	运城盆地	−0.2	60.1	59.9	21.9	−0.1	66.9	66.8	71.4
	临汾盆地	−0.3	40.7	40.4	20.0	−0.3	47.5	47.2	50.8
	太原盆地	−0.8	23.6	22.8	21.1	−0.7	31.3	30.6	28.2
	内蒙古呼包平原	0.2	14.2	14.4	15.5	—	—	—	—
	内蒙古河套平原	0.4	9.9	10.3	9.0	—	—	—	—
	陕西关中平原	−0.1	34.0	33.9	35.0	—	—	—	37.1
	宁夏银川卫宁平原	0.4	5.0	5.4	5.9	—	—	—	3.5
长江区	江汉平原	−0.7	5.4	4.7	4.6	−0.2	5.6	5.4	4.0
	鄱阳湖平原	0.2	5.1	5.3	5.3	0.2	14.1	14.3	7.0
	长江三角洲平原	0.2	5.4	5.6	3.2	0.2	6.8	7.0	8.3
	河南省南襄山间平原区	−0.8	8.5	7.7	7.8	−0.5	11.6	11.1	13.7
	成都平原	0.1	5.0	5.1	5.1	—	—	—	—
东南诸河区	浙东沿海平原	0.3	5.4	5.7	4.8	0.2	9.7	9.9	8.4
珠江区	广东珠江三角洲平原	−0.1	3.4	3.3	3.6	—	—	—	—
	雷州半岛平原	−0.4	13.3	12.9	4.0	0.2	14.3	14.5	15.4
	琼北台地平原	0.5	8.2	8.7	9.9	0.5	20.6	21.1	19.3
西北诸河区	甘肃河西走廊平原	−0.1	23.8	23.7	28.9	—	—	—	—
	青海柴达木盆地	0.7	12.8	13.5	13.8	—	—	—	—
	新疆塔里木盆地	−0.1	12.0	11.9	12.7	−1.0	20.4	19.4	23.4
	新疆准噶尔盆地	0.3	29.2	29.5	28.2	0.6	30.9	31.5	32.2

* 地下水要素采用相同站网进行同比计算，因站网变动、特征值复核调整、层位属性归类变化等原因，2024 年与 2023 年成果有所差异。

辽河平原浅层地下水2024年12月平均埋深4.4m，地下水水位较2023年12月上升0.5m，地下水水位上升区面积占比34%，弱上升区面积占比59%，弱下降区面积占比5%，水位下降区面积占比2%，2024年地下水储量较2023年增加19.8亿m^3。辽河平原浅层地下水2024年12月埋深及地下水水位较2023年12月变化见图5-3，代表站埋深及降水过程见图5-4。

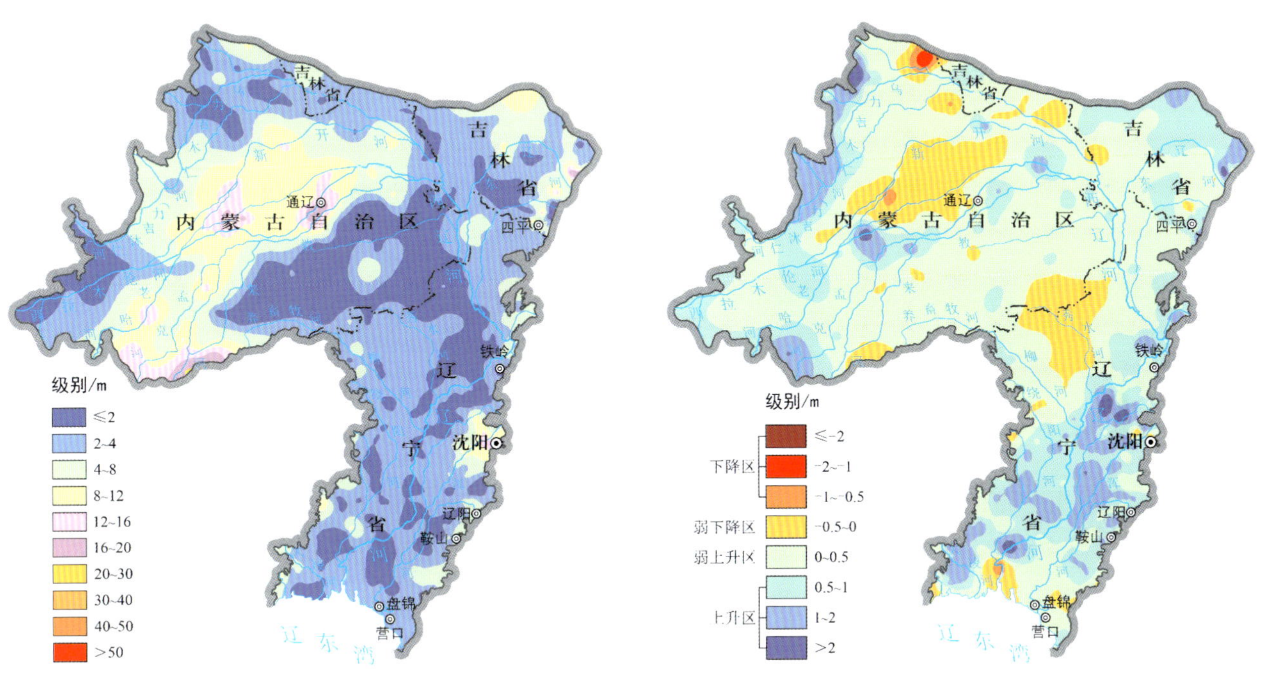

（a）浅层地下水2024年12月埋深分布

（b）地下水水位较2023年12月变化分布

图5-3　辽河平原浅层地下水2024年12月埋深及地下水水位较2023年12月变化

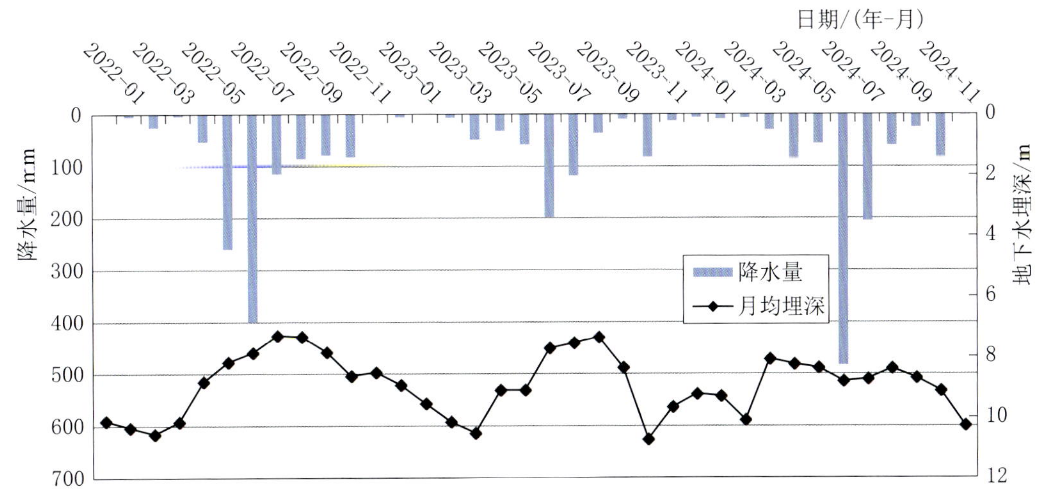

图5-4　辽河平原沈阳站（21166080）2022年12月至2024年12月地下水埋深变化及降水直方图

海河平原浅层地下水2024年12月平均埋深11.0m，地下水水位较2023年12月上升0.4m，地下水水位上升区面积占比35%，弱上升区面积占比35%，弱下降区面积占比18%，水位下降区面积占比12%。海河平原浅层地下水2024年12月埋深及地下水水位较2023年12月变化见图5-5，代表站埋深及降水过程见图5-6。

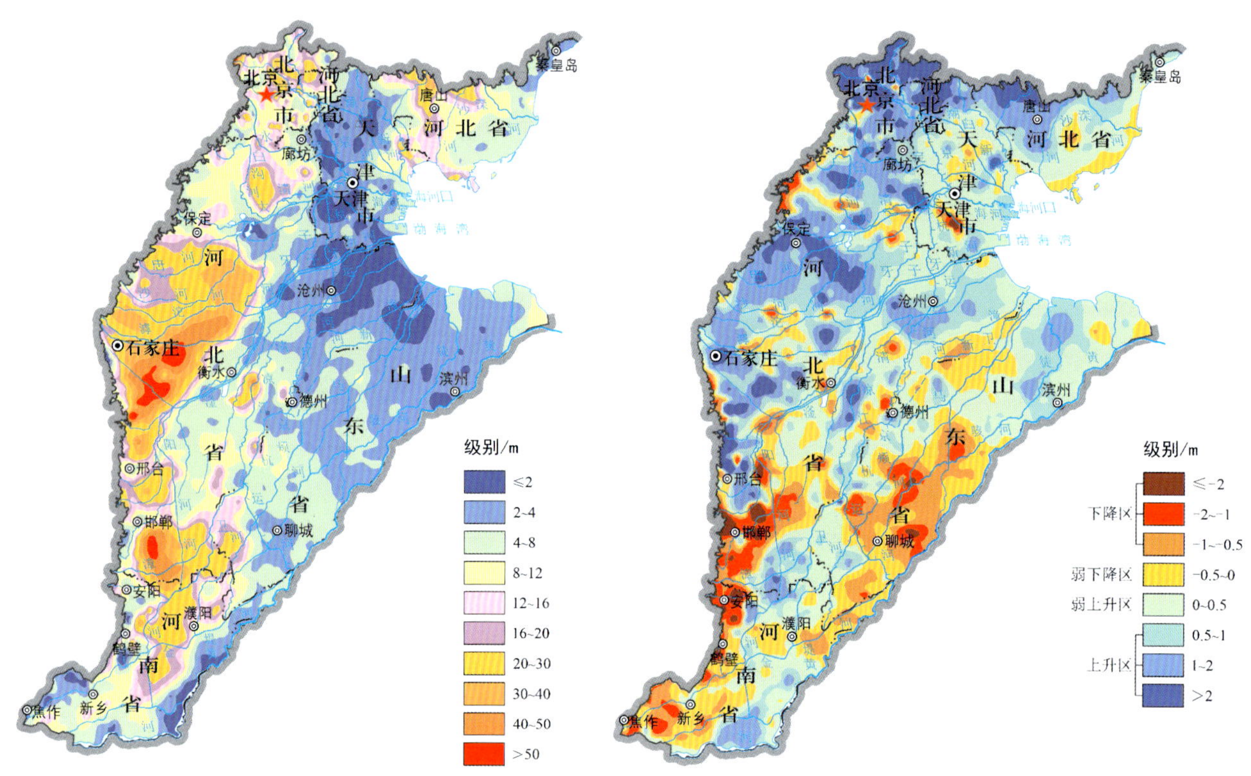

(a) 浅层地下水2024年12月埋深分布　　(b) 地下水水位较2023年12月变化分布

图5-5　海河平原浅层地下水2024年12月埋深及地下水水位较2023年12月变化

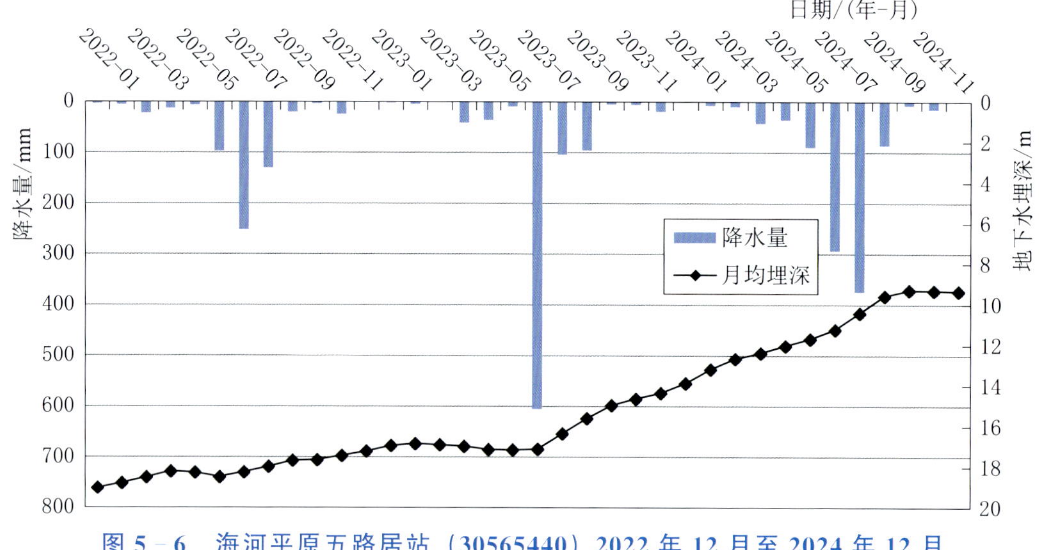

图5-6　海河平原五路居站（30565440）2022年12月至2024年12月地下水埋深变化及降水直方图

海河平原区浅层地下水 2024 年储量较 2023 年增加 42.6 亿 m^3，其中北京市平原区增加 13.0 亿 m^3，天津市平原区增加 1.5 亿 m^3，河北省平原区增加 37.0 亿 m^3，其他区域减少 8.9 亿 m^3。

黄淮平原浅层地下水 2024 年 12 月平均埋深 6.0m，地下水水位较 2023 年 12 月上升 0.1m，地下水水位上升区面积占比 20%，弱上升区面积占比 31%，弱下降区面积占比 32%，水位下降区面积占比 17%。2024 年地下水储量较 2023 年增加 11.0 亿 m^3。黄淮平原浅层地下水 2024 年 12 月埋深及地下水水位较 2023 年 12 月变化见图 5－7，代表站埋深及降水过程见图 5－8。

五、重点区域地下水动态

(1) 浅层地下水。采用华北地区和 10 个重点区域的 8925 个监测站 2024 年 12 月监测信息，与 2023 年 12 月相比，华北地区、辽河平原（重点）2 个区域水位呈上升态势，平均水位分别上升 1.1m、0.7m；西辽河流域、松嫩平原（重点）、鄂尔多斯台地、河西走廊（重点）、黄淮地区（重点）、三江平原（重点）、天山南北麓与吐哈盆地共 7 个区域水位呈弱上升态势；汾渭谷地水位呈弱下降态势；北部湾地区水位呈下降态势，平均水位下降 0.8m。

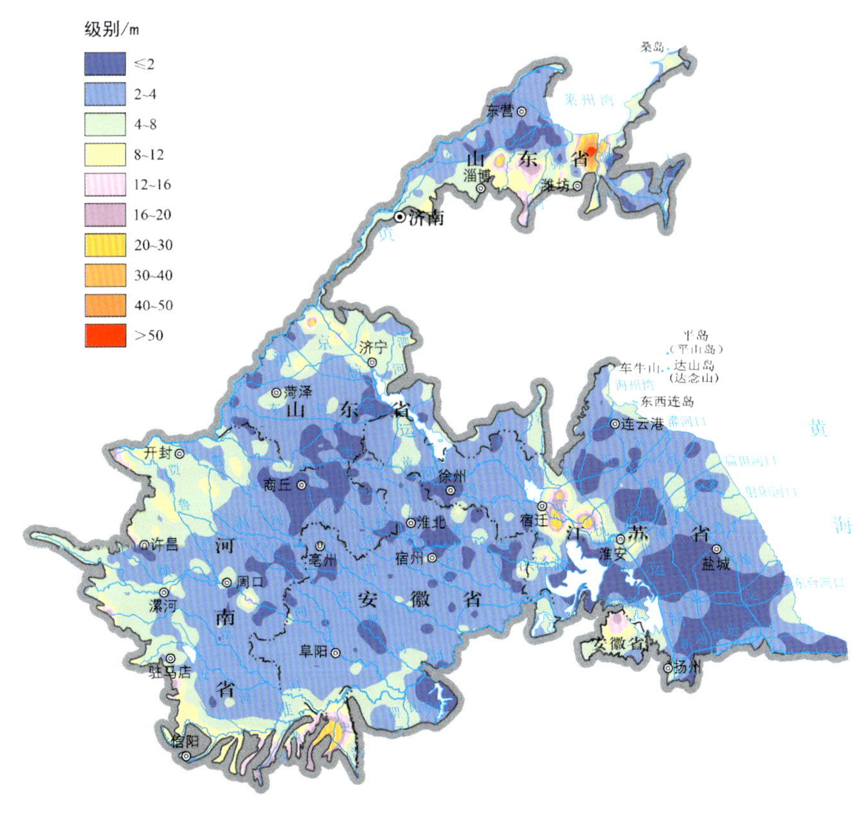

(a) 浅层地下水 2024 年 12 月埋深分布

图 5－7（一）　黄淮平原浅层地下水 2024 年 12 月埋深及地下水水位较 2023 年 12 月变化

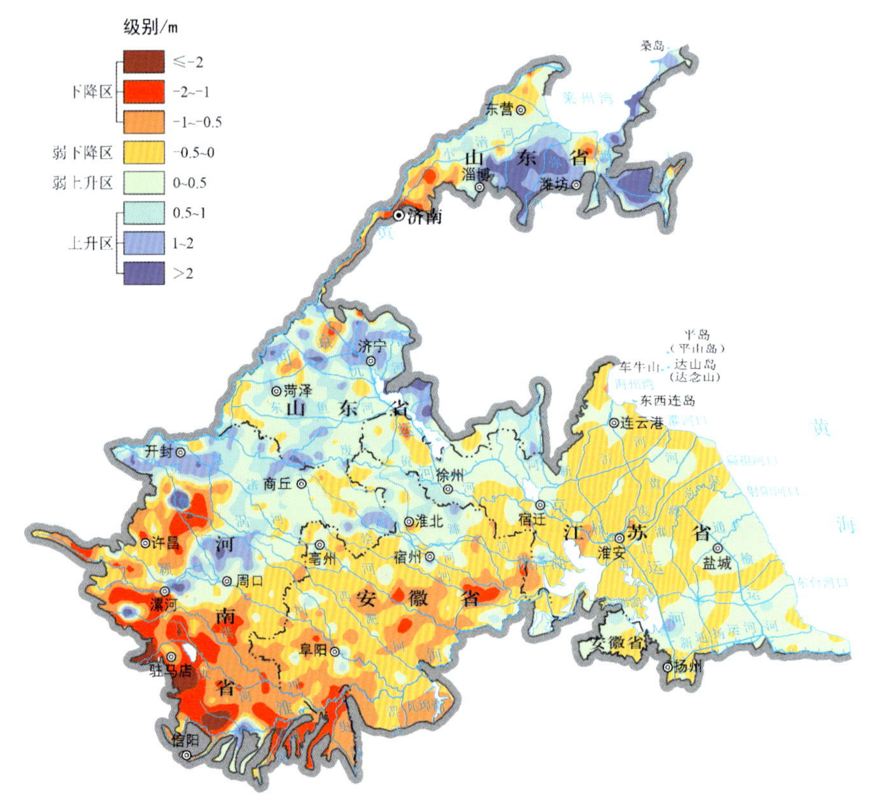

（b）地下水水位较2023年12月变化分布

图5-7（二） 黄淮平原浅层地下水2024年12月埋深及地下水水位较2023年12月变化

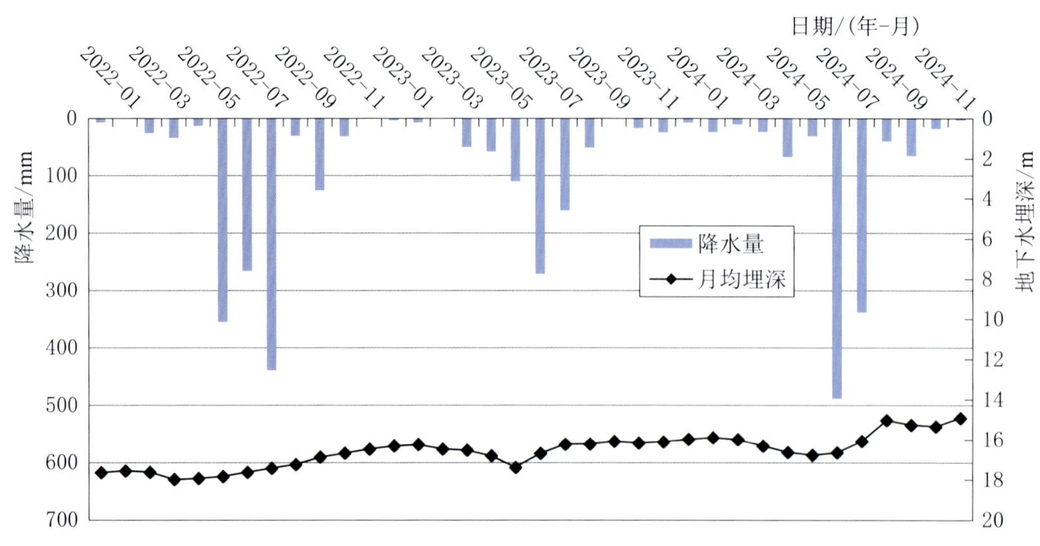

图5-8 黄淮平原东毕村（51369056）2022年12月至2024年12月地下水埋深变化及降水直方图

（2）深层地下水。采用华北地区和 7 个重点区域的 2049 个监测站 2024 年 12 月信息，与 2023 年 12 月相比，华北地区、辽河平原（重点）、黄淮地区（重点）3 个区域水位呈上升态势，平均水位分别上升 2.0m、0.9m 和 0.6m；鄂尔多斯台地、北部湾地区、天山南北麓与吐哈盆地 3 个区域水位呈弱上升态势；松嫩平原（重点）和汾渭谷地 2 个区域水位呈弱下降态势，平均水位下降 0.2m。重点区域 2024 年 12 月地下水平均埋深及地下水水位较 2023 年 12 月变化统计见表 5－3。

表 5－3　重点区域 2024 年 12 月地下水平均埋深及地下水水位较 2023 年 12 月变化统计

重点区域		浅层地下水水位变幅/m	浅层地下水平均埋深/m			深层地下水水位变幅/m	深层地下水平均埋深/m		
			2024 年 12 月	2023 年 12 月	2023 年统计口径*		2024 年 12 月	2023 年 12 月	2023 年统计口径*
华北地区	北京市、天津市、石家庄市、唐山市、秦皇岛市、邯郸市、邢台市、保定市、张家口市、沧州市、廊坊市、衡水市	1.1	15.6	16.7	17.2	2.0	50.0	52.0	52.1
三江平原（重点）	鸡西市、鹤岗市、双鸭山市、佳木斯市	0	6.9	6.9	6.9	—	—	—	—
松嫩平原（重点）	哈尔滨市、绥化市、白城市	0.4	7.4	7.8	7.7	−0.2	3.4	3.2	11.0
辽河平原（重点）	沈阳市、锦州市、朝阳市、阜新市	0.7	4.3	5.0	4.9	0.9	2.6	3.5	3.9
西辽河流域	赤峰市、通辽市	0.5	7.9	8.4	8.4	—	—	—	—
黄淮地区（重点）	淮北市、阜阳市、亳州市、济南市、滨州市、东营市、淄博市、济宁市、德州市、聊城市、菏泽市、郑州市、开封市、平顶山市、安阳市、鹤壁市、新乡市、焦作市、许昌市、濮阳市、南阳市、商丘市、周口市	0	6.6	6.6	6.3	0.6	32.3	32.9	26.1

续表

重点区域		浅层地下水水位变幅/m	浅层地下水平均埋深/m			深层地下水水位变幅/m	深层地下水平均埋深/m		
			2024年12月	2023年12月	2023年统计口径*		2024年12月	2023年12月	2023年统计口径*
鄂尔多斯台地	呼和浩特市、包头市、乌海市、鄂尔多斯市、乌兰察布市、锡林郭勒盟、巴彦淖尔市	0.4	12.7	13.1	13.9	0.5	30.9	31.4	—
河西走廊（重点）	张掖市、嘉峪关市、金昌市、武威市、酒泉市	0	25.4	25.4	29.9	—	—	—	—
汾渭谷地	大同市、朔州市、忻州市、太原市、阳泉市、晋中市、长治市、晋城市、运城市、临汾市、吕梁市、西安市、咸阳市	−0.3	30.3	30.0	23.3	−0.2	41.7	41.9	39.8
天山南北麓与吐哈盆地	乌鲁木齐市、昌吉回族自治州、博尔塔拉蒙古自治州、塔城地区、石河子市、吐鲁番市、哈密市、巴音郭楞蒙古自治州、伊犁州	0	34.7	34.7	35.5	0.1	45.7	45.8	44.8
北部湾地区	湛江市、北海市	−0.8	9.2	8.4	8.0	0.2	14.3	14.5	15.3

* 地下水要素采用相同站网进行同比计算，因站网变动、特征值复核调整、层位属性归类变化等原因，2024年与2023年成果有所差异。

（3）裂隙水。采用7个重点区域的206个监测站2024年12月信息，与2023年12月相比，北部湾地区、鄂尔多斯台地、辽河平原（重点）、黄淮地区（重点）共4个区域平均水位呈上升态势；松嫩平原（重点）平均水位呈弱上升态势；汾渭谷地、三江平原（重点）2个区域平均水位呈下降态势，平均水位分别下降1.1m和0.6m。

（4）岩溶水。采用华北地区和2个重点区域的262个监测站2024年12月信息，与2023年12月相比，黄淮地区（重点）平均水位呈上升态势，上升3.7m；华北地区、汾渭谷地2个区域平均水位呈下降态势，平均水位分别下降1.6m和0.6m。

六、地下水水温

2024年，全国有31个省份开展了地下水水温监测。采用全国5906个埋深10～50m的地下水水温监测信息，地下水水温年内变化较小，一般小于0.2℃。按照各省份地下水年平均水温统计，黑龙江、青海、吉林、内蒙古4个省份低于10.0℃，黑龙江省为6.0℃（最低省份），福建、广西、广东、海南4个省份高于20.0℃，海南省为26.8℃（最高省份）。

七、泉流量

采用河北、山西、山东、广西、贵州、新疆6个省份的24个监测站信息，泉流量监测站分布及监测成果见图5－9。与2023年相比，龙潭、涞源泉、雷鸣寺泉、九磨地下河、上上泉、泉林南泉、老龙湾泉、金波泉、鸳鸯泉、六坡屯泉共10个泉2024年年平

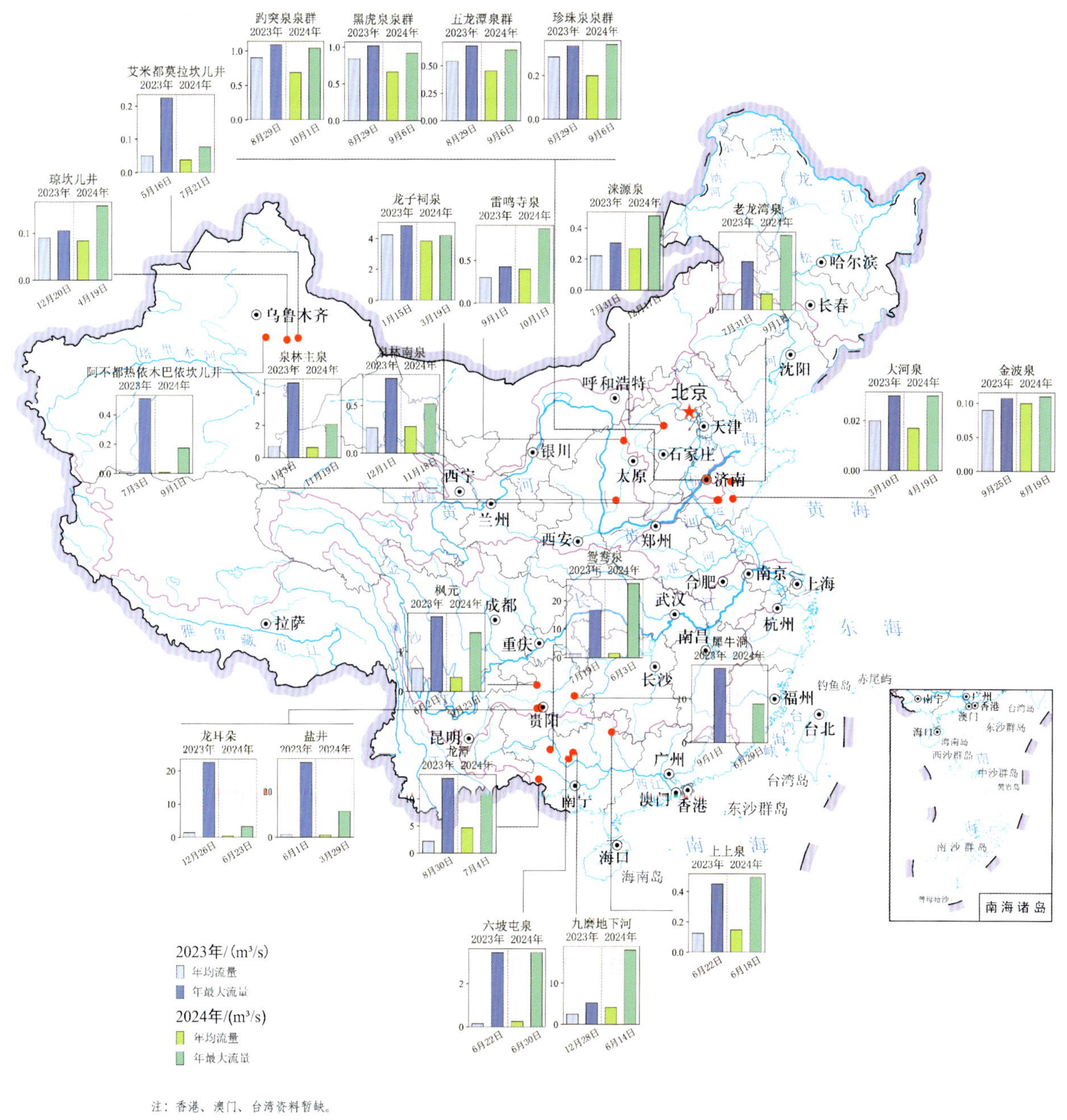

图5－9　24个泉流量监测站分布及监测成果

均流量呈增大态势，其中位于广西百色市的龙潭泉年平均泉流量增大 2.50m^3/s，位于河北保定市涞源县的涞源泉年平均泉流量增大 0.050m^3/s；龙耳朵、盐井、龙子祠泉、枫元、趵突泉泉群、黑虎泉泉群、犀牛洞、珍珠泉泉群、五龙潭泉群、泉林主泉、艾米都莫拉坎儿井、琼坎儿井、阿不都热依木巴依坎儿井、大河泉等 14 个泉 2024 年年平均流量呈减小态势，其中贵州省贵阳市龙耳朵年平均泉流量减小 1.07m^3/s。雷鸣寺泉、金波泉、龙潭年平均流量达到近五年最大值。

第六章 水生态

太湖秋意（陈甜　提供）

一、概述

根据水利部印发的四批次全国重点河湖生态流量保障目标相关文件，对全国171个重点河湖281个生态流量保障目标控制断面监测情况进行梳理和复核，2024年采用251个断面的年水文监测数据，并对其生态流量保障目标的满足程度进行统计分析。

2024年，有201个断面的满足程度为100%，占断面总数的80.1%，比2023年增加约5.0%；有39个断面的满足程度为90%～100%，占断面总数的15.5%，比2023年减少约2.5%；11个断面的满足程度小于90%，占断面总数的4.4%，比2023年减少约3.6%。2024年全国的生态流量满足程度整体优于2023年。

2024年，华北地区河湖生态环境复苏行动实施范围包括北三河、永定河、大清河、子牙河、漳卫河、黑龙港运东地区诸河、徒骇马颊河等7条河流水系共55条（个）河湖（49条河流和6个湖泊）。2024年12月底，37条（个）补水河湖有水河道总长度4468.45km、水面总面积875.22km^2，较2018年（首次补水前）有水河长增加了44.71%、水面面积增加了21.3%。

近年来，水利部针对河道断流、湖泊持续萎缩干涸等问题，在全国范围内率先选取了88条（个）母亲河（湖）开展母亲河复苏行动。水文部门针对复苏目标，组织开展了有水河长和时长、生态流量（水位、水量）、河湖水质及河湖周边浅层地下水水位等要素的监测分析。截至2024年底，母亲河复苏行动取得显著成效，88条（个）母亲河（湖）里面的74条河流全线贯通，5条河流增加有水河长和时长，9个湖泊生态水位（水量）得到有效保障，京杭大运河已连续3年全线贯通，永定河实现连续4年全线贯通、连续2年全年全线有水，海河流域“有河皆干、有水皆污”状况得到根本性扭转。

二、河湖生态流量状况

2024年，海河区、黄河区、淮河区、东南诸河区、西北诸河区等5个一级区内的所有控制断面生态流量满足程度均超过90%，其中海河区、西北诸河区内的所有断面生态流量满足程度达到100%。有4个一级区存在生态流量满足程度低于90%的断面，其中，松花江区、辽河区各有1个断面，长江区有6个断面，珠江区有3个断面。2024年全国重点河湖生态流量保障目标的满足程度情况，详见图6-1及表6-1。

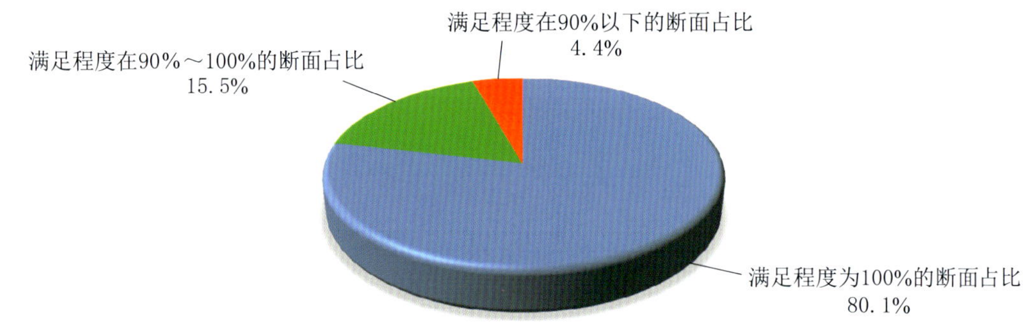

图6-1　全国重点河湖生态流量保障目标满足程度情况

表6-1　全国重点河湖生态流量保障目标满足程度统计

全国主要水系分区	控制断面数量/个	满足程度为100%的断面数量/个	满足程度在90%～100%的断面数量/个	满足程度在90%以下的断面数量/个
松花江区	22	18	3	1
辽河区	13	11	1	1
海河区	11	11	0	0
黄河区	20	18	2	0
淮河区	29	26	3	0
长江区	114	84	24	6
其中：太湖流域	3	2	1	0
东南诸河区	6	5	1	0
珠江区	35	27	5	3
西北诸河区	1	1	0	0
合　计	251	201	39	11

选取生态流量保障目标满足程度在90%以下的松花江区音河水库、辽河区大凌河白石水库坝下、长江上游支流赤水河赤水、长江中游洞庭湖水系沅江支流酉水来凤、珠江区北盘江大渡口等5个控制断面作为代表断面，进行水文特性及生态流量满足程度分析。

2024年松花江区音河水库断面的年平均流量为4.05m^3/s，最大日均流量为21.0m^3/s，最小日均流量为0.00m^3/s。水利部批复的音河水库断面生态流量目标值为：月生态水量4—5月为32.25万m^3、6—9月为182万m^3、10—11月为32.25万m^3。该断面的满足程度为37.3%，不满足天数为 91d（9—11 月）。音河水库断面 2024 年月水量变化过程见图 6－2。

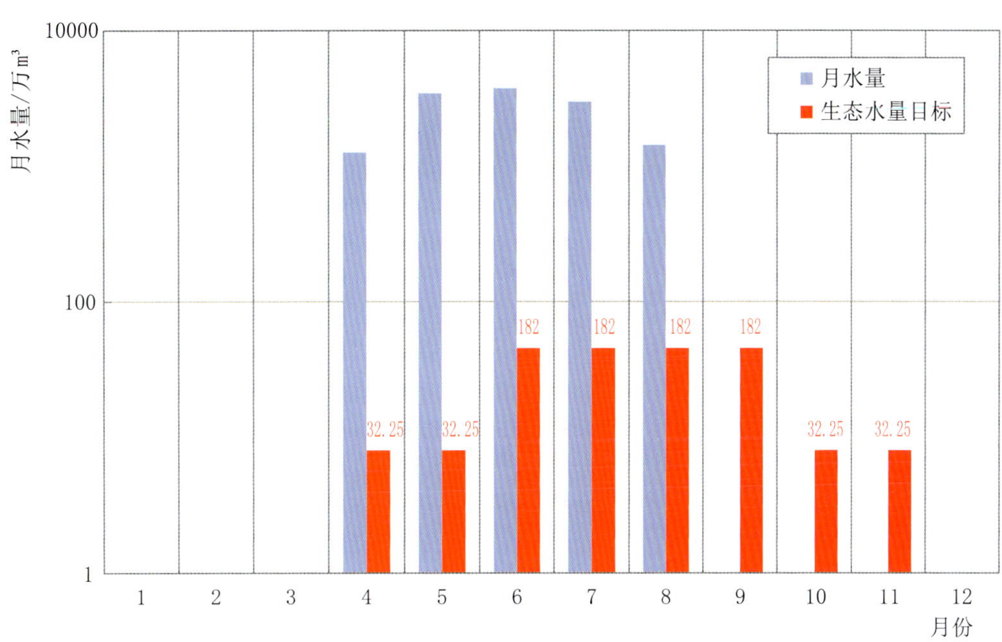

图 6－2　松花江区音河水库断面 2024 年月水量变化过程

2024 年辽河区大凌河白石水库坝下断面的年平均流量为 $34.4m^3/s$，最大日均流量为 $700m^3/s$，最小日均流量为 $0.00m^3/s$。水利部批复的白石水库坝下断面生态流量目标值为 $3.97m^3/s$，该断面的满足程度为 85.2%，不满足天数为 54d。白石水库坝下断面 2024 年逐日流量变化过程线见图 6－3。

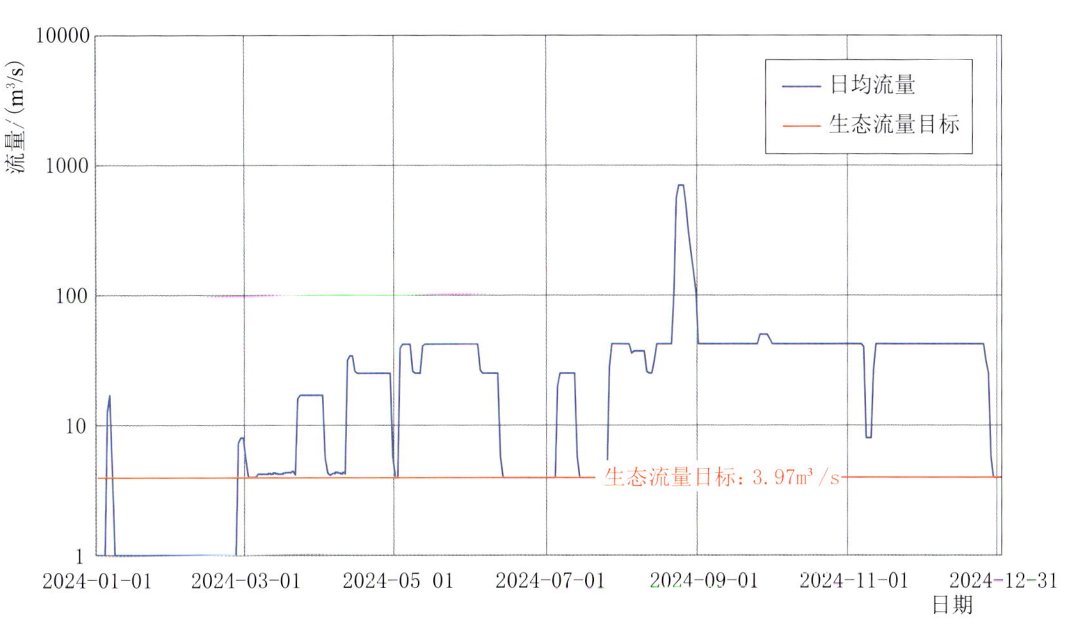

图 6－3　辽河区大凌河白石水库坝下断面 2024 年逐日流量变化过程线

2024年长江区赤水河赤水断面的年平均流量为165m^3/s，最大日均流量为1310m^3/s，最小日均流量为36.1m^3/s。水利部批复的赤水断面生态流量目标值为59.0m^3/s，该断面的满足程度为71.0%，不满足天数为105d。赤水断面2024年逐日流量变化过程线见图6-4。

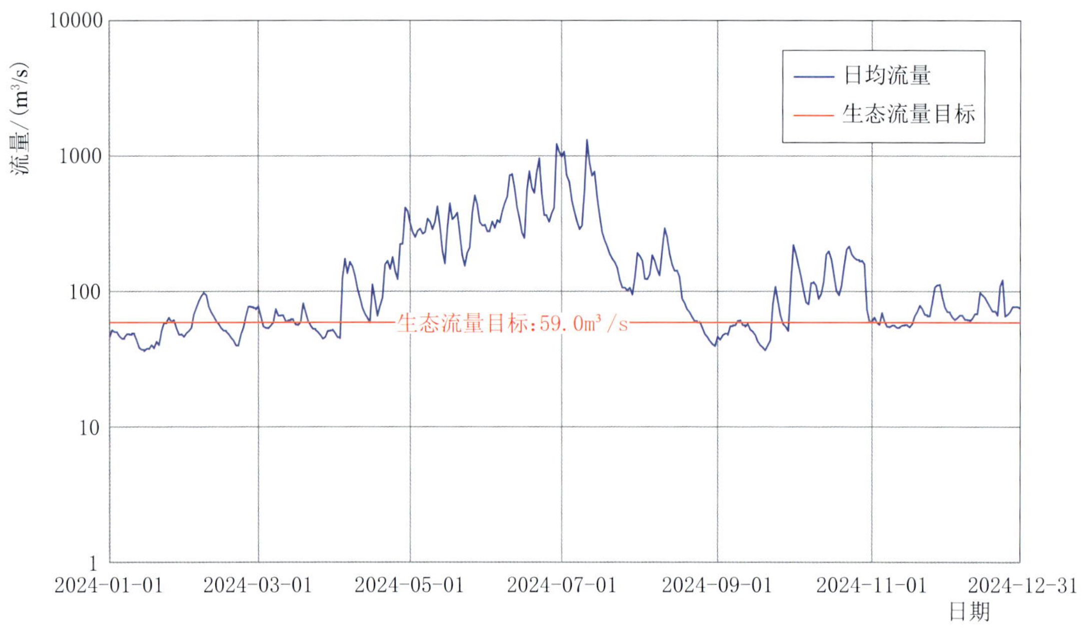

图6-4　长江区赤水河赤水断面2024年逐日流量变化过程线

2024年长江区沅江-酉水来凤断面的年平均流量为39.7m^3/s，最大日均流量为1380m^3/s，最小日均流量为2.17m^3/s。水利部批复的来凤断面生态流量目标值为5.32m^3/s，该断面的满足程度为86.6%，不满足天数为49d。来凤断面2024年逐日流量变化过程线见图6-5。

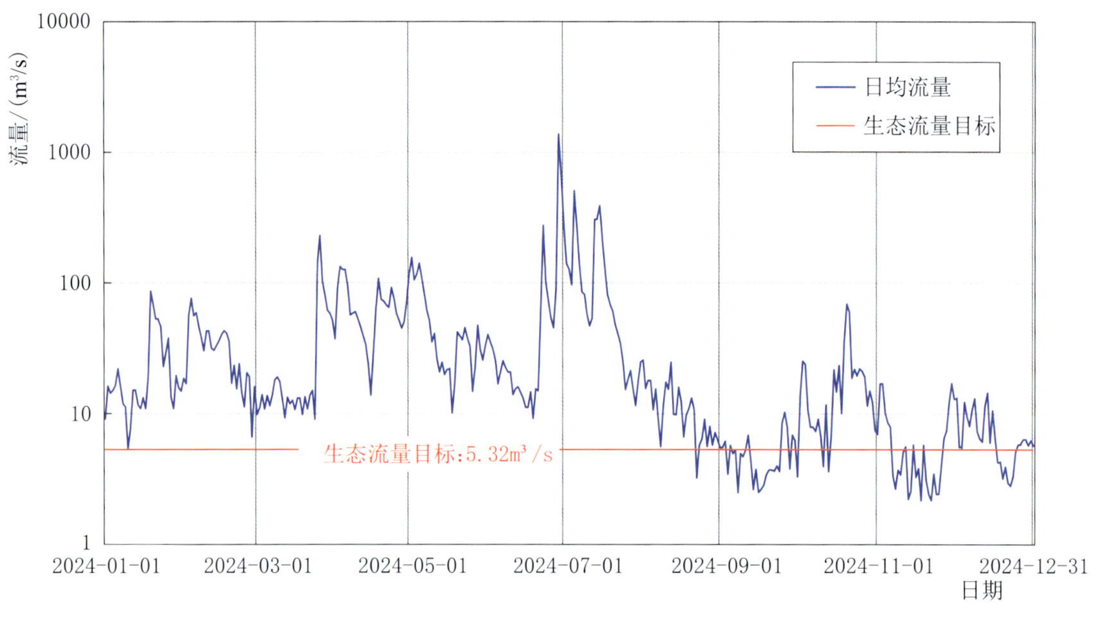

图6-5　长江区沅江-酉水来凤断面2024年逐日流量变化过程线

2024 年珠江区北盘江大渡口断面的年平均流量为 61.9m^3/s，最大日均流量为 380m^3/s，最小日均流量为 9.74m^3/s。水利部批复的大渡口断面生态流量目标值为 20.0m^3/s，该断面的满足程度为 88.0%，不满足天数为 43d。大渡口断面 2024 年逐日流量变化过程线见图 6－6。

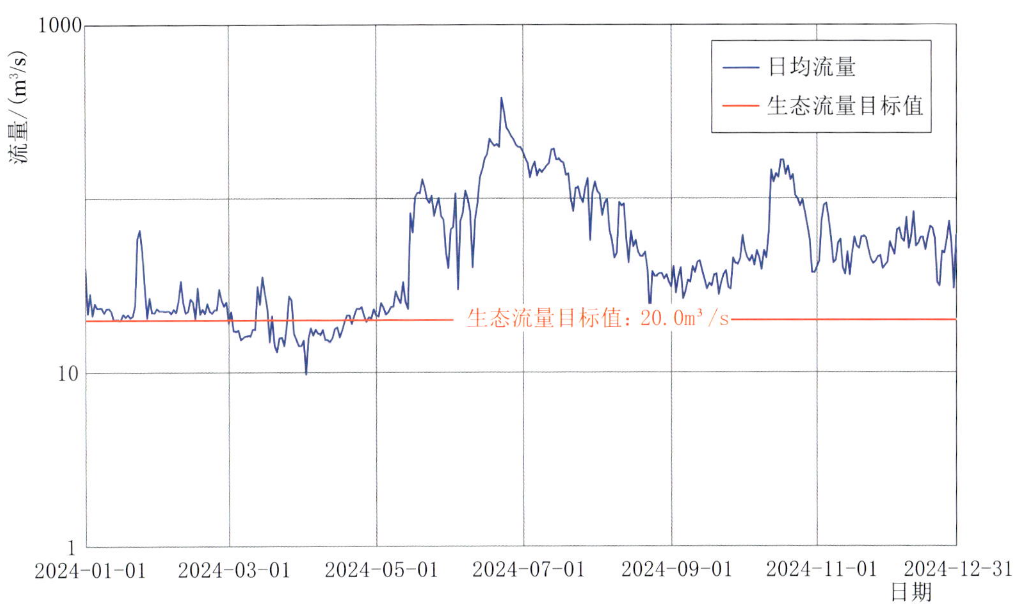

图 6－6　珠江区北盘江大渡口断面 2024 年逐日流量变化过程线

三、华北地区河湖生态补水

（一）补水范围和补水量

2024 年，水利部开展华北地区河湖生态环境复苏行动，通过南水北调中线和东线北延引江、引黄、引滦、当地水库、再生水及雨洪水等多水源，对京津冀鲁的北三河、永定河、大清河、子牙河、漳卫河、黑龙港运东地区诸河、徒骇马颊河等 7 条河流水系共 55 条（个）河湖（49 条河流和 6 个湖泊）实施补水。其中，京杭大运河贯通补水范围为大运河黄河以北河段（总长约 707km），包括通惠河—北运河线路、小运河—卫运河—南运河线路，补水水源为南水北调东线北延、岳城水库、潘庄引黄、引滦、官厅水库、再生水等。永定河补水水源为万家寨引黄、官厅水库、南水北调中线、再生水等。

2024 年 1—12 月，京津冀鲁四省份累计生态补水 68.05 亿 m^3（包括主汛期水库泄水 6.58 亿 m^3），完成年度计划补水量 38.61 亿 m^3 的 1.8 倍。其中，京杭大运河 2024 年全线贯通补水 15.36 亿 m^3，完成计划补水量 8.45 亿 m^3 的 1.8 倍；白洋淀补水（入淀）18.20 亿 m^3（包括主汛期水库泄水 6.58 亿 m^3），完成计划补水量 3.50 亿 m^3 的 5.2 倍。永定河补水 7.94 亿 m^3，完成计划补水量 7.50 亿 m^3 的 1.06 倍。

2024 年 1—12 月京津冀鲁各水源生态补水量见图 6－7，京杭大运河各水源补水完成情况见表 6－2。

表 6－2　　京杭大运河各水源补水完成情况

序号	补水水源	累计补水量/亿 m^3	计划调水量/亿 m^3	完成情况/%
1	东线北延工程	2.38	2.21	108
2	岳城水库	4.43	3.10	143
3	潘庄引黄	1.69	1.05	161
4	引滦工程	2.23	0.70	318
5	官厅水库	0.57	0.25	226
6	再生水及雨洪水	4.08	1.14	358
合　计		15.36	8.45	182

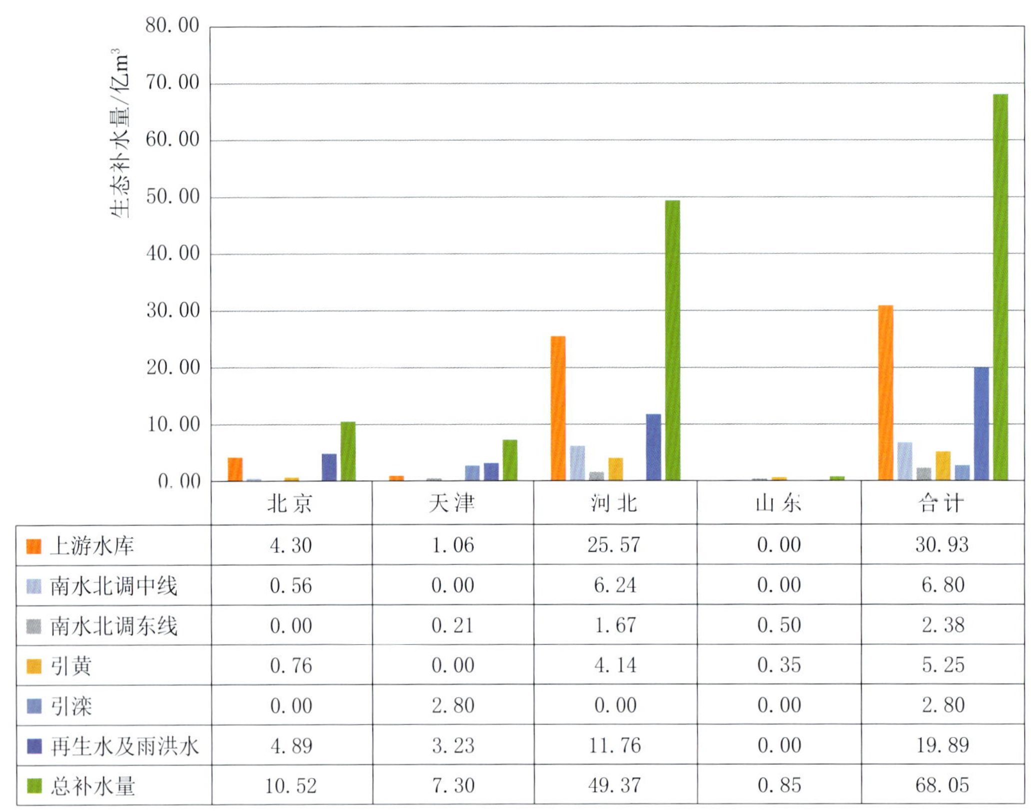

	北京	天津	河北	山东	合计
上游水库	4.30	1.06	25.57	0.00	30.93
南水北调中线	0.56	0.00	6.24	0.00	6.80
南水北调东线	0.00	0.21	1.67	0.50	2.38
引黄	0.76	0.00	4.14	0.35	5.25
引滦	0.00	2.80	0.00	0.00	2.80
再生水及雨洪水	4.89	3.23	11.76	0.00	19.89
总补水量	10.52	7.30	49.37	0.85	68.05

图 6－7　2024 年 1—12 月京津冀鲁累计生态补水量

（二）补水效果

2024 年，利用分辨率优于 2 m 的国产卫星遥感影像资源，针对华北地区 37 条（个）补水河湖的有水河道长度和水面面积开展了持续监测分析。截至 2024 年 12 月底，37 条（个）补水河湖有水河道总长度为 4468.45km，较 2018 年（首次补水前）增加 1380.47 km；37 条（个）补水河湖水面总面积为 875.22km^2，较 2018 年（首次补水前）增加 154.15km^2。有水河道长度和水面面积分别为 2018 年的 1.45 倍和 1.21 倍。有 20 条补水河流较 2018 年有水河道长度增加，其中滏阳河和永定河增加显著，分别增加 221.57km 和 215.69km，分别占各自河道总长度的 53%和 81%；有 26 条（个）河湖较 2018 年水面面积增加，其中白洋淀和滹沱河水面面积增加显著，分别增加 17.63km^2 和 15.53km^2。

部分河段补水前后通水情况见图 6－8。

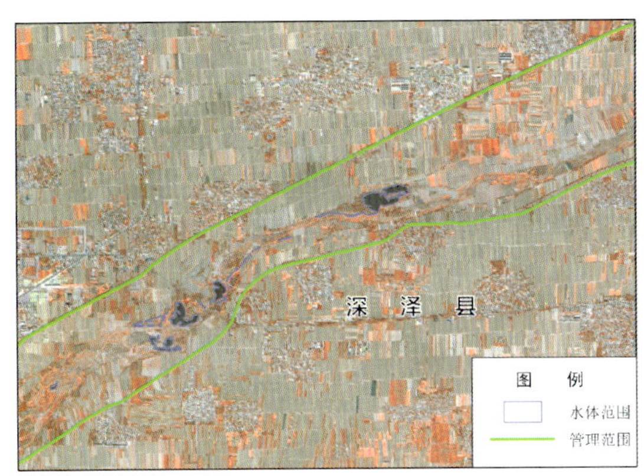

(a) 2018年补水前石家庄市段（断流）

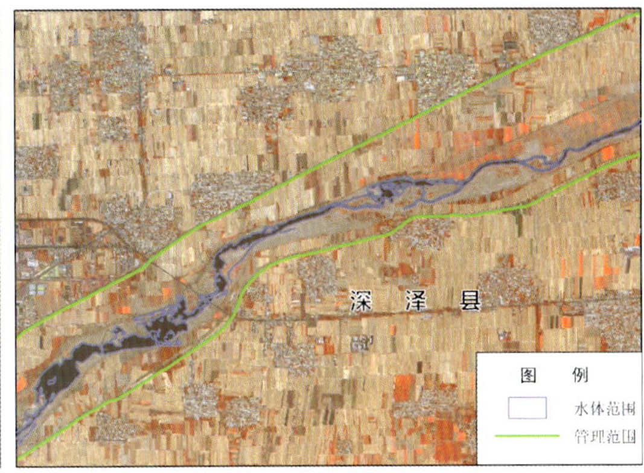

(b) 2024年补水后石家庄市段

图 6－8 滹沱河部分河段补水前后标准假彩色遥感影像对比

监测的 31 条河流中，潮白新河、通惠河、北运河、永定新河、小清河、北拒马河—白沟河、南拒马河—白沟引河、瀑河、赵王新河、大清河、独流减河、子牙新河、洨河、卫河—卫运河、南运河、小运河—六分干—七一河—六五河、马颊河、海河干流、永定河等 19 条河流全年全线有水；潮白河、滏阳河、子牙河、清凉江—南排河和徒骇河等 5 条河流全线贯通，全年有水河道长度均超过 90%；唐河、滹沱河、泜河、七里河—顺水河、洺河和漳河等 6 条河流基本贯通；沙河—潴龙河河道有水状况相对较差，全年有水河道维持在 60%～85%。

监测的 6 个湖库中，大黄堡洼和南大港水面面积年内变化较大，变化率（最大与最小水面面积之差与最大水面面积之比）分别为 28.1%和 23.0%，七里海、白洋淀淀区、团泊洼和衡水湖年内变化趋势相对比较平稳，变化率均保持在 5%左右相对稳定区间内。河湖补水效果见图 6－9。

(a) 卫运河

(b) 永定河故道国家湿地公园（天津武清）

图 6－9 2024 年部分河段补水效果

主要补水河湖周边地下水水位明显回升。统计 2024 年末 21 个主要补水河湖周边 10km 范围内浅层地下水监测站水位数据，水位较 2023 年同期上升 0.89m，较补水前（2018 年同期）明显回升。

长江汉川水文站（郑力　摄）

第七章 暴雨洪水

一、概述

2024年，受副热带高压、厄尔尼诺次年的共同影响，我国江河洪水早发多发并发、历史罕见。全国共出现38次❶强降水过程，1321条河流发生超警以上洪水，298条河流发生超保洪水，67条河流发生有实测记录以来最大洪水。我国于4月1日入汛，与多年平均入汛日期一致。全国大江大河共发生26次编号洪水（表7-1），为1998年有编号洪水统计资料以来最多，珠江流域4月7日出现首个编号洪水，较常年偏早2个月，且珠江流域罕见地发生了13次编号洪水。

2024年4月，珠江流域北江发生特大洪水，石角水文站22日8时还原洪峰流量19400m^3/s。7月，长江中下游发生区域性大洪水，鄱阳湖、洞庭湖两湖洪水并发且全过程遭遇，长江中下游干流城陵矶至大通河段全线及两湖湖区水位超警。7月中上旬，淮河干流发生较大暴雨洪水，21日蚌埠（吴家渡）站洪峰流量达8780m^3/s，列1950年有实测资料以来第3位（1954年11600m^3/s，1950年8900m^3/s）。松辽流域（片）乌苏里江上游发生2次有实测记录以来最大洪水。

2024年，有9个台风（含热带风暴）登陆我国，比常年（7.2个）多1.8个。9月6日，第11号台风“摩羯”以超强台风强度登陆海南文昌，为1949年以来登陆海南的第二强台风（历史最强为201410号台风“威马逊”）；受其影响，西江支流郁江贵港水文站14

❶ 连续3天累计雨量50mm以上10万km^2或者100mm以上1万km^2对防汛有影响的强降水过程。

日 5 时洪峰水位超警戒水位 2.80m，为 2002 年以来最大洪水。10 月 28 日至 11 月 1 日，受台风“潭美”残余环流和台风“康妮”登陆共同影响，海南万泉河发生特大洪水，干流加积水文站 30 日 16 时49 分洪峰水位超保证水位 0.34m，洪峰流量列 1951 年有实测记录以来第 2 位。

2024 年极端暴雨洪水事件多发，全国共 103 个县出现日降水量突破历史极值。7 月，湖南资兴龙溪站最大 24h 点降水量为 735.5mm，是湖南有实测记录以来首次出现 24h600mm 以上极端暴雨；8 月，辽宁多地出现长达 87h 的持续性强降水，葫芦岛建昌县大屯村站最大 24h 点降水量为 622.6mm；受降水和高温融雪共同影响，新疆塔里木河流域有 7 条河流发生超保洪水，中游干流发生有实测资料以来最大洪水，塔克拉玛干沙漠一度出现洪水。

表 7－1　　2024 年编号洪水统计

序号	编 号 名 称	编号日期	编号依据站	依据要素
1	长江 2024 年第 1 号洪水	2024－06－28 14：00	九江	水位
2	长江 2024 年第 2 号洪水	2024－07－11 18：00	三峡	流量
3	长江 2024 年第 3 号洪水	2024－07－29 18：50	莲花塘	水位
4	黄河 2024 年第 1 号洪水	2024－07－29 9：36	唐乃亥	流量
5	淮河 2024 年第 1 号洪水	2024－07－13 16：12	王家坝	水位
6	沂河 2024 年第 1 号洪水	2024－07－07 18：46	临沂	流量
7	沭河 2024 年第 1 号洪水	2024－07－07 18：35	重沟	流量
8	沭河 2024 年第 2 号洪水	2024－07－09 10：11	重沟	流量
9	沂河 2024 年第 2 号洪水	2024－07－09 8：00	临沂	流量
10	韩江 2024 年第 1 号洪水	2024－04－07 16：40	三河坝（三）	水位
11	北江 2024 年第 1 号洪水	2024－04－07 6：35	石角	流量
12	东江 2024 年第 1 号洪水	2024－04－28 20：55	博罗（二）	水位
13	西江 2024 年第 1 号洪水	2024－06－15 15：20	梧州（四）	水位
14	韩江 2024 年第 2 号洪水	2024－04－25 19：15	三河坝（三）	水位
15	西江 2024 年第 2 号洪水	2024－06－18 21：25	武宣	流量
16	北江 2024 年第 2 号洪水	2024－04－20 20：45	石角	流量
17	韩江 2024 年第 3 号洪水	2024－04－28 12：50	三河坝（三）	水位
18	西江 2024 年第 3 号洪水	2024－06－27 15：10	武宣	流量
19	韩江 2024 年第 4 号洪水	2024－06－16 23：40	三河坝（三）	水位
20	西江 2024 年第 4 号洪水	2024－07－03 01：30	梧州（四）	水位
21	韩江 2024 年第 5 号洪水	2024－07－26 22：50	三河坝（三）	水位

续表

序号	编 号 名 称	编号日期	编号依据站	依据要素
22	韩江 2024 年第 6 号洪水	2024-08-20 16：35	三河坝（三）	水位
23	松花江吉林段 2024 年第 1 号洪水	2024-07-27 08：00	丰满	流量
24	松花江吉林段 2024 年第 2 号洪水	2024-07-28 20：00	白山	流量
25	太湖 2024 年第 1 号洪水	2024-06-30 07：25	太湖水位	水位
26	太湖 2024 年第 2 号洪水	2024-07-13 12：20	太湖水位	水位

二、珠江区暴雨洪水

受副热带高压偏强以及冷暖空气持续对峙影响，2024 年 4—9 月共发生 31 次强降水过程，珠江面平均降水量为 1493.9mm，较多年同期偏多 3 成，为 1961 年以来同期第 3 多。4 月 18—30 日，珠江流域连续出现 3 次强降水过程，降水区主要集中在流域东部和北部，面降水量为东江 415mm、北江 411mm、韩江 339mm，累计最大点降水量出现在广东清远佛冈，达 820mm，降水量分布见图 7-1。受持续性强降水影响，珠江流域 4 月罕见发生 6 次编号洪水，其中北江 2024 年第 1 号洪水为 1998 年有编号洪水统计资料以来全国主要江河最早编号洪水；北江 2024 年第 2 号洪水为超 100 年一遇特大洪水，也是全国主要江河最早特大洪水，北江石角水文站 22 日 8 时洪峰水位为 11.26m，超过警戒水位 0.26m，洪峰流量为 18100m^3/s，还原洪峰流量 19400m^3/s，石角水文站水位流量过程线见图 7-2。

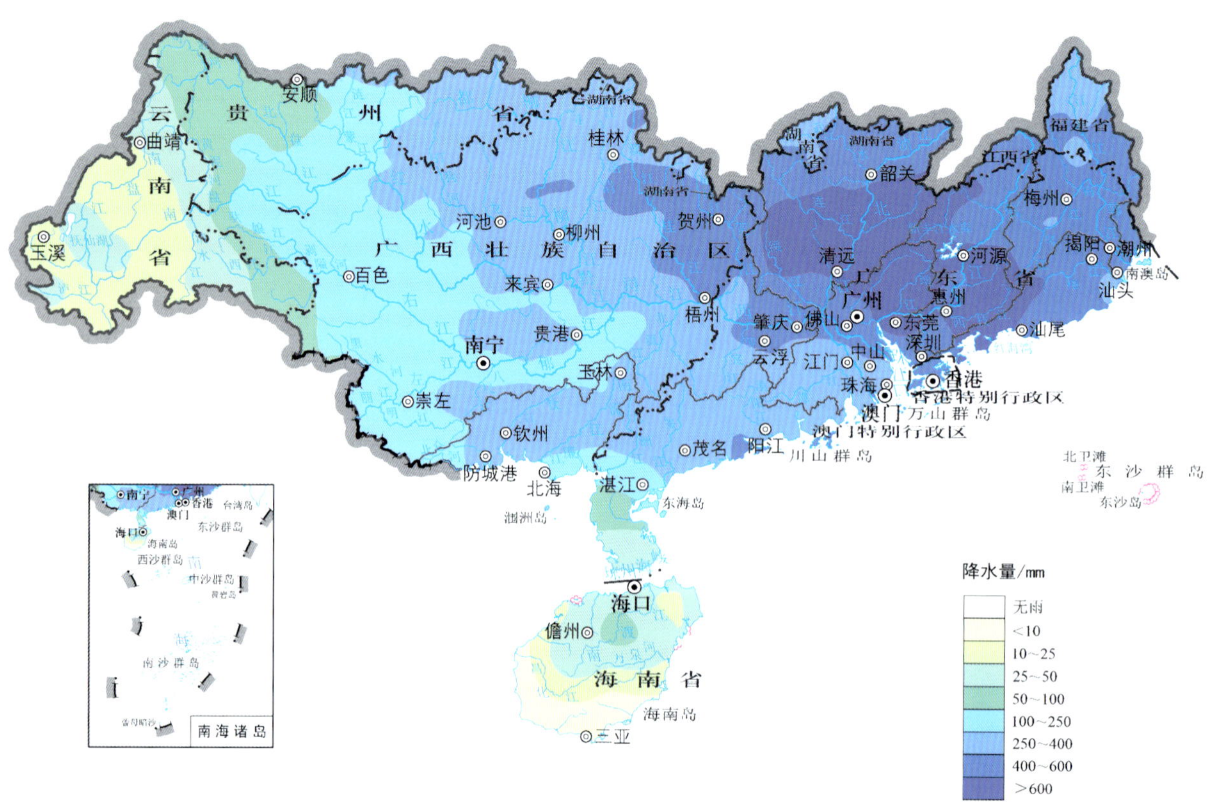

图 7-1 2024 年 4 月 18—30 日珠江区累积降水量分布

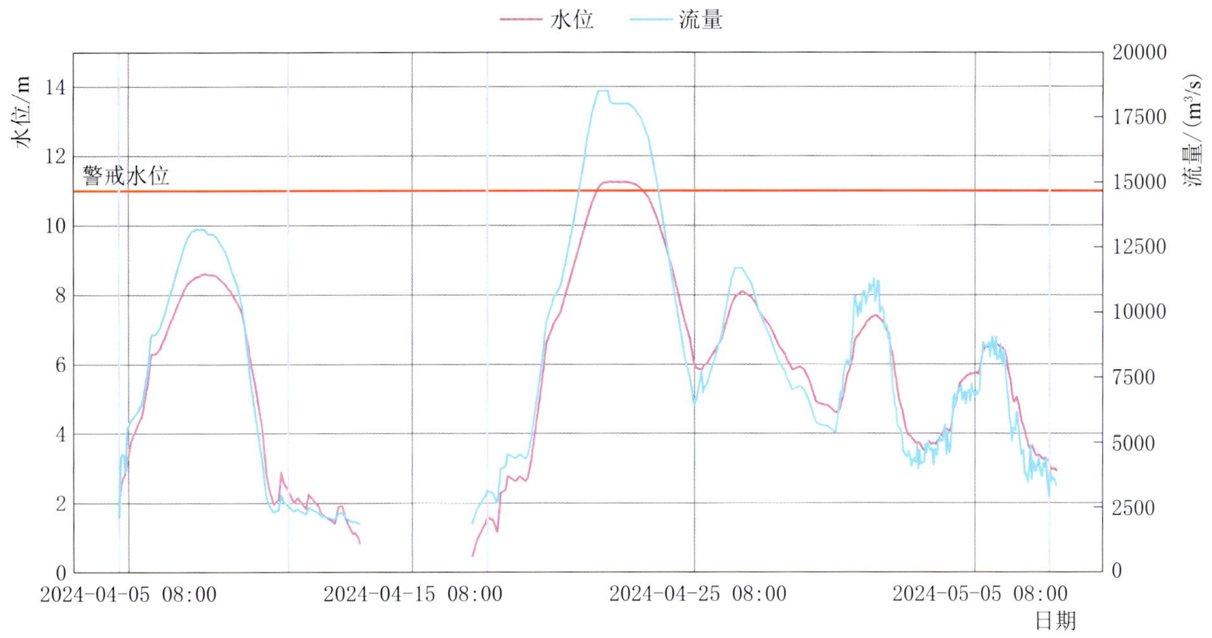

图 7－2　北江石角站水位流量过程线

6 月 3—18 日，珠江流域接连出现 4 次强降水过程，降水区主要集中在流域西北部和东部，其中面降水量为桂江 378mm、北江 261mm、西江干流 232mm、韩江 198mm，累计最大点降水量出现在广西桂林塔边，达 928mm，降水量分布见图 7－3。受强降水影

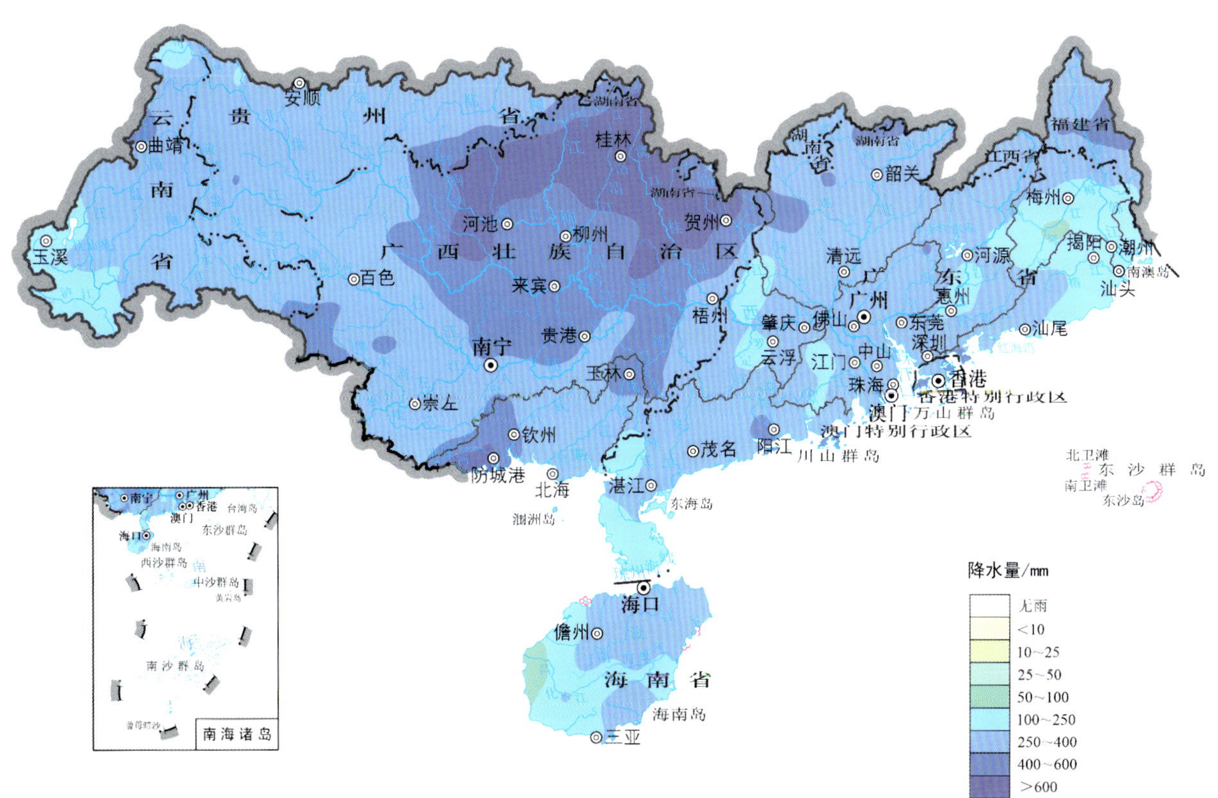

图 7－3　2024 年 6 月 3—18 日珠江区累积降水量分布

响，西江干流梧州水文站 21 日 12 时 20 分洪峰水位为 24.10m，超过警戒水位 5.60m，相应流量为 41300m^3/s，为 2008 年以来最大洪水；支流桂江桂林水文站 20 日 0 时 55 分洪峰水位为 148.88m，超过保证水位 1.88m，相应流量为 6100m^3/s，水位、流量均列 1936 年有实测记录以来第 1 位。韩江三河坝水位站 17 日 12 时 55 分洪峰水位为 48.24m，超过警戒水位（42.00m）6.24m。

9 月 5—9 日，受台风“摩羯”登陆影响，珠江流域中部南部出现强降水过程，郁江普降暴雨，流域累积面降水量 134mm，降水量分布见图 7－4。受降水影响，西江支流郁江贵港水文站 14 日 5 时洪峰水位为 44.00m，超过警戒水位（41.20m）2.80m，相应流量为 11200m^3/s，为 2002 年以来最大洪水。

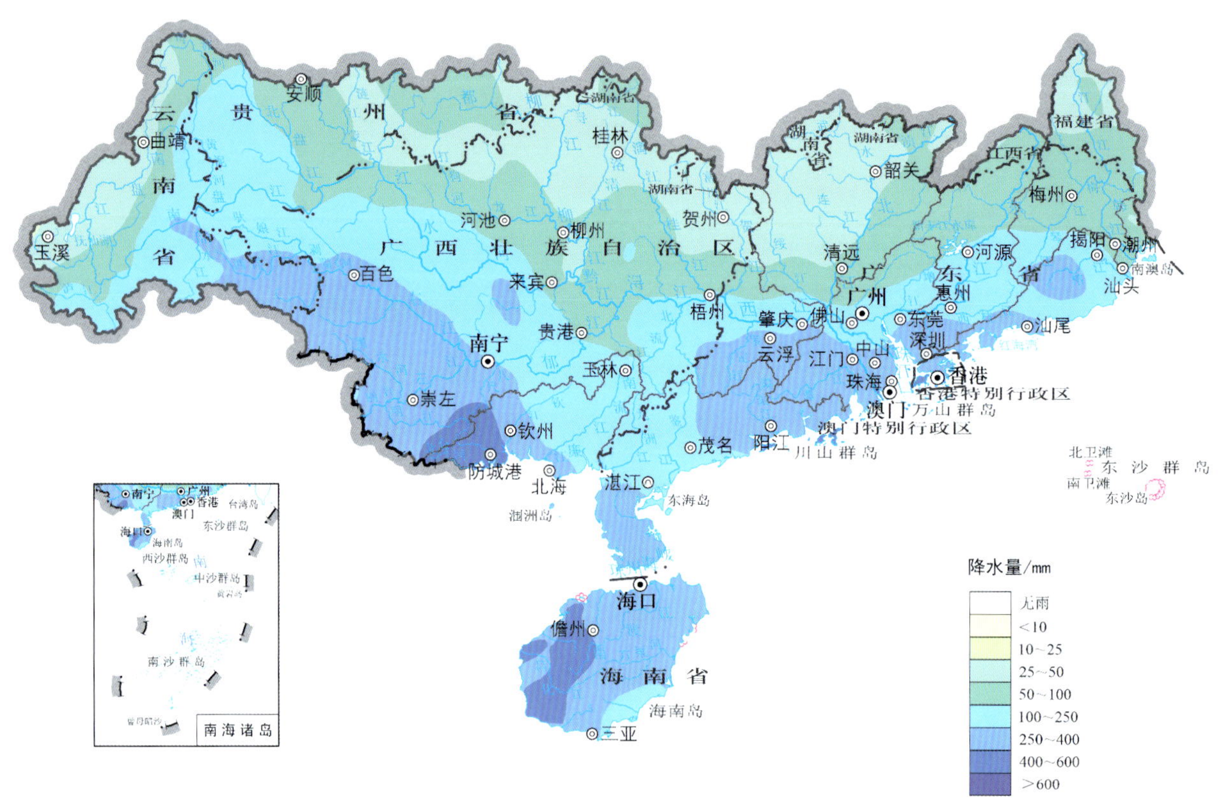

图 7－4　2024 年 9 月 5—9 日珠江区累积降水量分布

此外，10 月 28 日至 11 月 1 日，受台风“潭美”残余环流和台风“康妮”登陆共同影响，海南普降暴雨到大暴雨，累积面降水量 288mm，累计最大点降水量出现在海南琼中思核，达 984mm，降水量分布见图 7－5。受强降雨影响，海南万泉河干流加积水文站 30 日 16 时 39 分洪峰水位为 11.82m，超过保证水位（11.50m）0.32m，洪峰流量为 8410m^3/s，流量列 1951 年有实测记录以来第 2 位，还原洪峰流量为 9800m^3/s，万泉河发生特大洪水。

汛末经珠江水利委员会实施水库蓄水调度，10 月 1 日西江四座骨干水库总有效蓄水量为 165.95 亿 m^3，较多年同期多蓄 21.14 亿 m^3。

珠江区暴雨洪水主要河流洪水特征值见表 7－2。

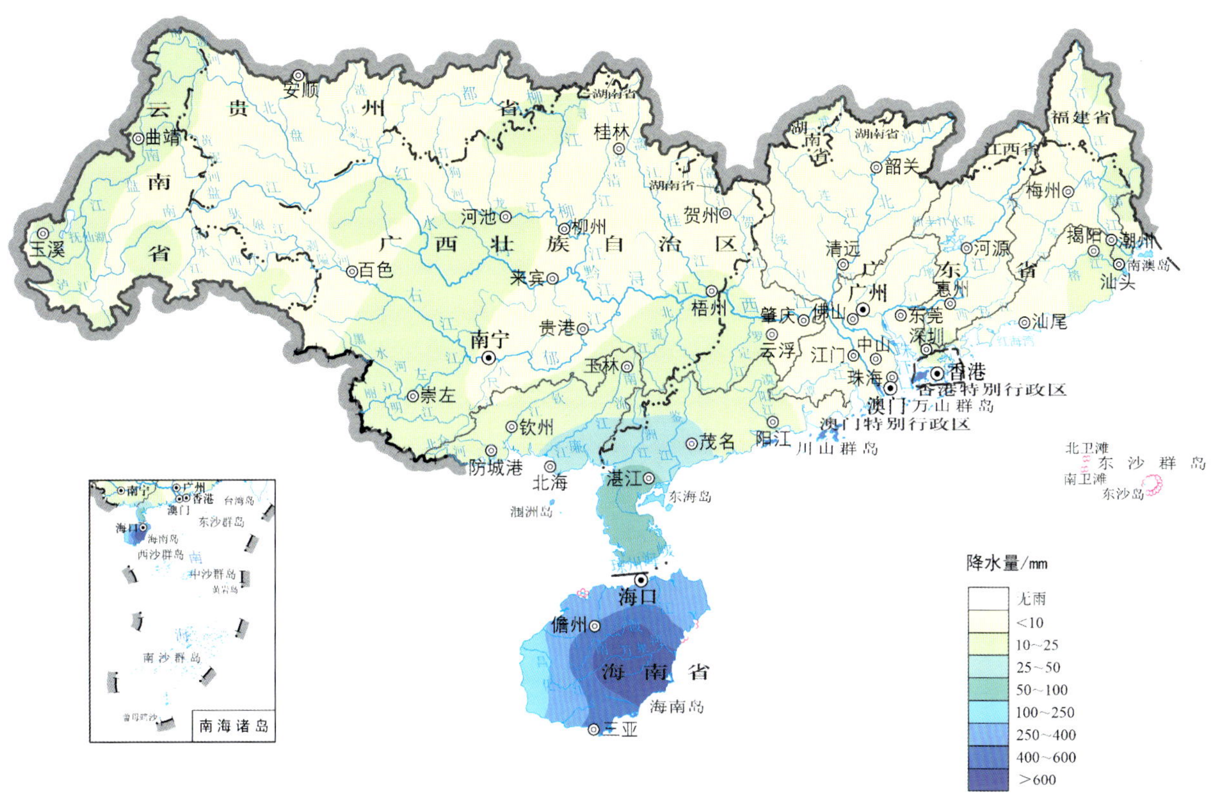

图 7-5　2024 年 10 月 28 日至 11 月 1 日珠江区累积降水量分布

表 7-2　珠江区暴雨洪水主要河流洪水特征值

河流	站点	洪峰水位时间 /(月-日 时：分)	洪峰水位 /m	超警戒水位 /m	超保证水位 /m	洪峰流量 /(m^3/s)	排位		起始年份
							水位	流量	
西江	武宣	06-20 02：00	60.16			31200	21	22	1934
西江	梧州（四）	06-21 12：20	24.10	5.60		41300	19	10	1900
柳江	柳州	06-19 09：00	86.30	3.80		20500	14	13	1949
桂江	桂林	06-20 00：55	148.88	2.88	1.88	6100	1	1	1936
北江	石角	04-22 07：00	11.26	0.26		18100	35	2	1936
连江	高道（昂坝）	04-22 04：00	35.94	4.44		7930	3		2008
绥江	四会	04-22 04：00	11.94	1.14		3870			
东江	博罗（二）	04-29 06：00	7.71			7380	53	8	1953
韩江	三河坝（三）	06-17 12：55	48.24	6.24		12400	3		1947
韩江	潮安	06-18 02：15	14.09	0.59		11800		4	1947
梅江	横山（二）	06-17 13：10	55.37	5.37		7300	2	1	2001
万泉河	加积（二）	10-30 16：39	11.82	2.32	0.32	8410	7	2	1951
南渡江	龙塘	10-30 13：00	12.77	0.27		6520	27	5	1954

珠江区暴雨洪水呈现如下特点：

（1）流域降水场次多、总量大。4—9月珠江流域共发生31次强降水过程，面平均降水量达1493.9mm，为2013年以来同期最多，为1961年以来同期第3多。其中北江、韩江降水量均为1961年以来同期最多，西江、东江降水量均为1961年以来同期第2多。珠江降水时程分配不均，前汛期降水量占汛期降水总量62%，其中4月降水异常偏多，较多年同期偏多1.2倍，珠江流域、北江、东江、韩江4月降水量均为1961年以来同期最多。

（2）台风登陆个数少但强度强。全年共有8个台风影响珠江，其中3个台风登陆珠江，较多年同期登陆个数（5.7个）偏少2.7个。202411号台风"摩羯"强度维持超强台风级长达64h，是有气象记录以来登陆我国的第二强台风（仅次于201409号台风"威马逊"）。"摩羯"带来的强降水致使广东南部、广西西部南部、海南、云南东南部等地出现暴雨到大暴雨，局部特大暴雨，广西防城港板八站累计降水量达1075mm。受202420台风"潭美"影响，海南三亚站日降水量达295mm，突破当地10月日降水量极值；海南乘坡、琼中、加报和万宁水库等站的最大3d降水量均为有实测记录以来最大值。

（3）主要江河洪水多、发生时间早。珠江共发生13场编号洪水，占全国编号洪水总数的一半，是珠江1998年有编号洪水统计以来第1位，并且西江、北江、东江、韩江四大主要江河继2006年后首次全部发生编号洪水，其中，韩江发生6场编号洪水，列历史第1位。4月，北江、东江、韩江共发生6次编号洪水，其中北江第1号洪水是全国主要江河历史最早编号洪水，北江第2号洪水为全国主要江河历史最早特大洪水。

（4）超警河流数量多、洪水量级大。珠江共有328条河流发生超警以上洪水，超警河流数量为近5年来最多，其中42条河流发生超保洪水，14条河流发生有实测资料以来最大洪水，北江发生超100年一遇特大洪水，西江发生2008年以来最大洪水，桂江桂林河段发生1936年有实测资料以来最大洪水，郁江发生2001年以来最大洪水，海南万泉河发生1970年以来最大洪水，汀江棉花滩水库发生建库以来最大洪水。

三、长江区暴雨洪水

2024年6月9日开始长江中下游进入降水集中期，6月17日长江中下游入梅，7月2日长江中下游降水集中期基本结束。7月初，随着西太平洋副热带高压西伸北抬，主降水区开始移至长江上游，长江上游7月7—25日连续发生强降水过程。7月底受台风"格美"及其残涡带来的影响，两湖水系再次发生强降水过程。受强降水影响，长江共发生3次编号洪水，流域（片）内共有433条河流发生超警以上洪水，其中115条河流发生超保洪水，25条河流发生有实测记录以来最大洪水，部分支流发生特大洪水。长江2024年第1号洪水期间，两湖水系除澧水外，其余支流各主要控制站均发生超警及以上洪水，修水发生超历史洪水，两湖洪水并发且全过程遭遇，中下游干流城陵矶至大通河段全线、两湖湖区水位超警，主要控制站洪峰水位居有实测记录以来第7～9位。长江2024年第2号洪水期间，三峡区间最大流量达到20000m^3/s，三峡水库最大入库流量达到55000m^3/s，叠加前期长江2024年第1号洪水影响，干流莲花塘站水位再次超警。长江2024年第3号洪水期间，受台风“格美”及其残涡带来的强降水影响，洞庭湖湘江发生极端降水，湘江干流发生超保洪水，其多条支流发生超历史洪水，长江干流莲花塘站水位再次超警。

（一）长江2024年第1号洪水

6月28日至7月2日，受副热带高压位置偏南和冷暖空气共同影响，长江中下游发生2次强降水过程，均发生在长江中下游干流附近及其南部，降水带呈现西南～东北向分布，降水落区重叠度高。长江下游干流累计面降水量为168mm、中游干流106mm、洞庭湖94mm、乌江62mm、鄱阳湖61mm，累计最大点降水量发生在江西九江北山大庆水库，达621mm，降水量分布见图7-6，降水量统计情况见表7-3。受强降水影响，洞庭湖、鄱阳湖及长江干流附近支流来水持续增加，长江中游干流九江水文站6月28日14时水位涨至警戒水位（20.00m），此后沿线主要控制站相继超警，汉口水文站7月1日21时50分水位涨至警戒水位，至此城陵矶以下河段全线超警。洞庭湖“四水”发生年度最大涨水过程，资水发生超保洪水，沅江发生超警洪水，沅江上游支流溉阳河、六洞河、汨罗江发生超历史洪水。鄱阳湖水系修水发生超历史洪水，虬津、永修站洪峰水位创历史最高，实测最大流量均列有实测记录以来第1位，支流陆水崇阳站洪峰水位为60.19m，超历史实测记录，陆水水库入库洪峰流量（5030m^3/s）居历史第2位。长江下游水阳江、青弋江、巢湖发生超警洪水。7月4日干流及两湖出口控制站相继现峰，长江流域暴雨洪水主要河流洪水特征值见表7-4。

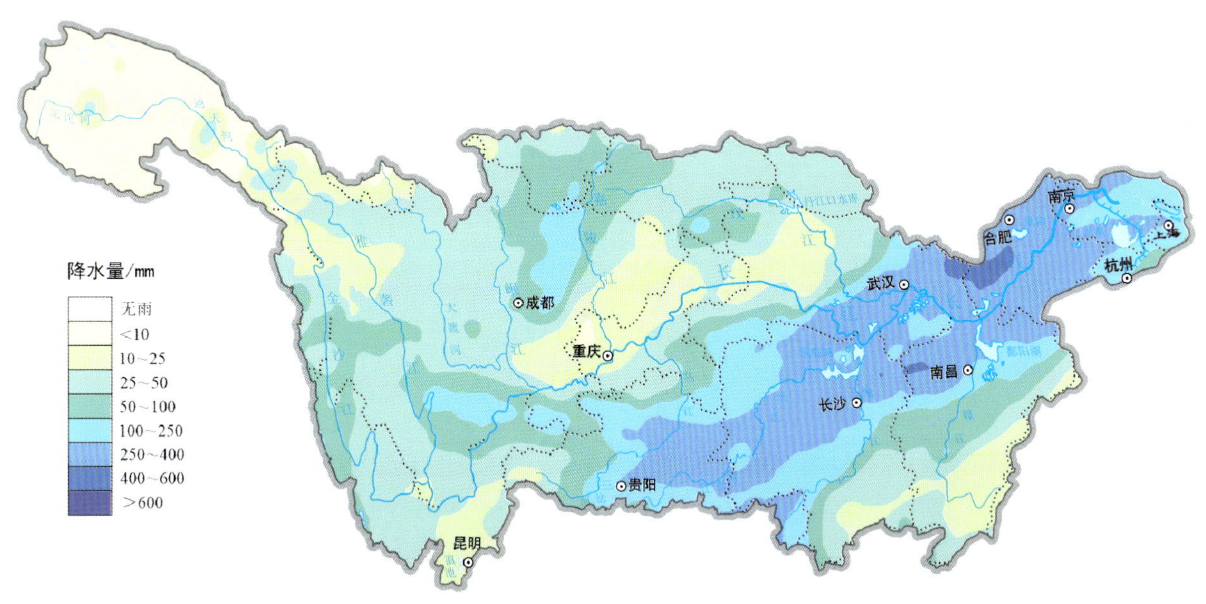

图7-6　2024年6月28日至7月2日长江流域累积降水量分布

表 7-3　长江区主雨区不同时段最大降水量统计

暴雨过程		长江 2024 年第 1 号洪水	长江 2024 年第 2 号洪水	长江 2024 年第 3 号洪水
时段		6 月 28 日至 7 月 6 日	7 月 7—25 日	7 月 26 日至 8 月 5 日
暴雨中心		武汉、滁河	渠江	湘江
中心降水量/mm		240.9、237.9	262.0	174.7
暴雨笼罩面积/万 km^2	≥100mm	46.8	83.2	31.6
	≥200mm	13.4	27.1	4.6
	≥300mm	0.6	7.7	0.3
	≥500mm	0	0.2	0
主要流域（区域）面降水量/mm	嘉陵江	69.3	207.3	30.6
	洞庭湖	107.6	8.2	116.1
	鄱阳湖	64.5	8.9	83.3
	汉江	70.9	193.1	58.0
	长江中游干流	148.9	84.1	44.5
	长江下游干流	151.5	135.9	15.7

表 7-4　长江中下游暴雨洪水主要河流洪水特征值

河流	站点	洪峰水位时间/(年-月-日 时：分)	洪峰水位/m	超警戒水位/m	洪峰流量/(m^3/s)	水位排位	流量排位	起始年份
大渡河	泸定（二）	2024-07-29 15：40	1309.00	1.03	5790	2		1957
嘉陵江	略阳	2024-07-24 14：30	639.78	4.1	6040	3	2	1939
长江	莲花塘	2024-07-04 14：00	33.96	1.46	—	9		1954
	螺山	2024-07-04 14：00	33.13	1.13	53100	9		1953
	汉口	2024-07-04 15：00	28	0.7	58100	9		1865
	九江	2024-07-04 18：20	21.86	1.86	60100	7		1885
	安庆	2024-07-04 17：00	17.69	0.99	—	8		1924
	大通	2024-07-04 19：00	15.52	1.12	75200	9		1922
洞庭湖	城陵矶	2024-07-04 11：00	34.3	1.3	40500	9		1904
湘江	湘潭	2024-07-29 15：55	40.51	2.51	20500	3		1956
鄱阳湖	湖口	2024-07-04 18：15	21.5	2	18800	7		1931
赣江	高安	2024-06-27 10：00	32.85	1.85	4290	9	1	1953
修河	虬津	2024-07-02 10：00	25.43	4.93	4490	1	1	1982

（二）长江 2024 年第 2 号洪水

7 月 7—23 日，受西太平洋副热带高压西伸北抬和冷空气共同影响，主要降水区转移至长江上游岷江、嘉陵江及长江中下游干流以北，流域累计面降水量嘉陵江 203mm、汉江 181mm、岷沱江 161mm、长江上游干流 115mm，累计最大点降水量四川雅安泗坪 730mm，降水量分布见图 7-7，降水量统计情况见表 7-3。受强降水影响，“长江 2024 年第 2 号洪水”在上游形成，中下游干流及两湖出口控制站水位波动消退。7 月中旬，金沙江、岷江、沱江、嘉陵江、三峡区间发生明显涨水过程，三峡水库 7 月 12 日 20 时出现 2024 年最大入库流量 55000m^3/s，7 月 14 日 12 时出现最高调洪水位 166.55m，为三峡水库运行以来主汛期第 2 高水位（仅次于 2020 年 167.50m），长江三峡水库入出库流量及库水位过程见图 7-8。

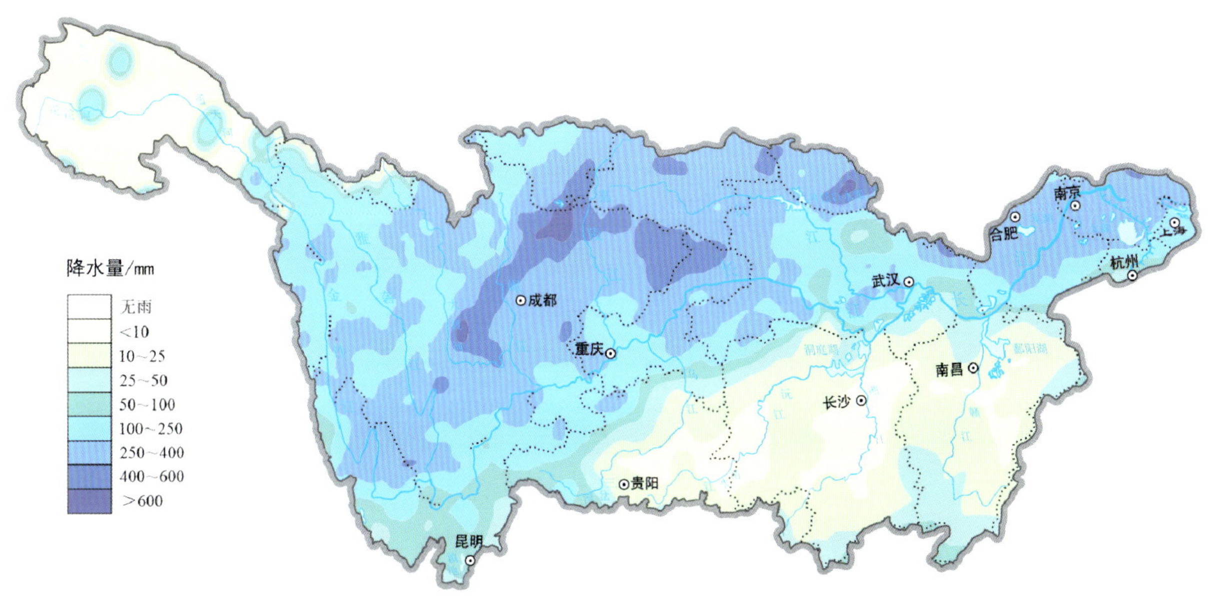

图 7-7 2024 年 7 月 7—23 日长江区累积降水量分布

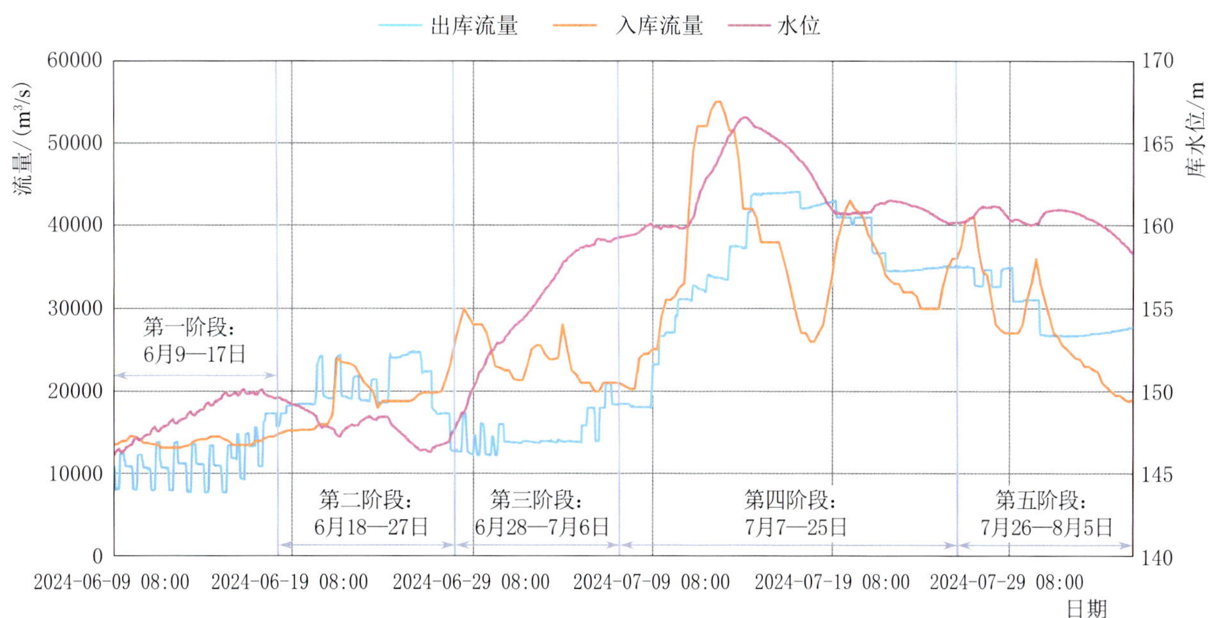

图 7-8 长江三峡水库入出库流量及库水位过程

（三）长江 2024 年第 3 号洪水

7 月 24—31 日，受台风“格美”影响，鄱阳湖、洞庭湖连续出现 2 次强降水过程，洞庭湖与鄱阳湖流域累计面降水量分别为 118mm、79mm，累计最大点降水量出现在湖南资兴坪石，达 718mm，27 日湘江流域面降水量为 110.0mm，为 1961 年以来单日最大面降水量，降水量分布见图 7－9，降水量统计情况见表 7－3。受强降水影响，洞庭湖湘江多条支流发生超历史洪水，湘江支流耒水、洣水、涓水、侧水及蒸水发生超历史洪水，耒水东江水库最大入库流量 11800m^3/s，为 1988 年有资料记录以来第 1 位（有记录以来历史最大入库流量 9300m^3/s，2006 年）。7 月 29 日，长江干流莲花塘水位站水位涨至警戒水位 32.50m，“长江 2024 年第 3 号洪水”在中游形成，7 月 31 日 10 时最高涨至 32.91m 后转退，8 月 2 日退至警戒水位以下。

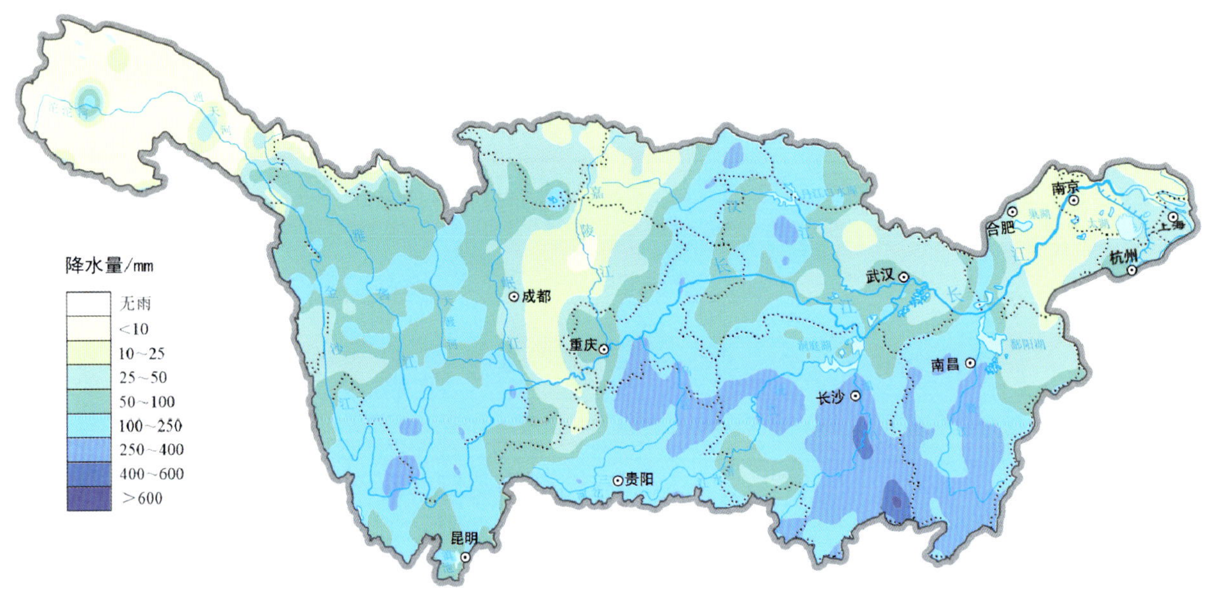

图 7－9　2024 年 7 月 24—31 日长江区累积降水量分布

长江区暴雨洪水呈现如下特点：

(1) 降水强度大、暴雨叠加效应突出、局地极端性强。梅雨期间，长江中下游共有 7 次降水过程（6 月 18—20 日、21—27 日、28—30 日，7 月 1—2 日、3—5 日、6—13 日、14—15 日），降水过程连续、间隙短。前 4 次降水过程均发生在长江中下游干流附近及其南部，降水带基本均呈现西南～东北向分布，暴雨叠加效应突出，6 月 18 日至 7 月 2 日，长江中下游累计降水量 245.6mm，较 30 年同期均值偏多 1 倍，位居 1961 年以来同期第一。6 月 21 日，湖南省常德竹园站 24h 累计降水量为 408.1mm，湖北省荆州市万电站为 351mm，均突破历史极值。

(2) 台风降水影响剧烈，影响范围广、极端性强。台风“格美”登陆后降水影响范围覆盖两湖水系、长江中游干流、汉江、乌江及三峡区间等，造成上述地区强降水过程，影响范围广。7 月 27 日，洞庭湖水系东部发生暴雨到大暴雨、局地特大暴雨，其中暴雨中心位于湘江流域，湘江日面降水量为 110.0mm，突破 1961 年以来单日面降水量极值；湖南郴州资兴税里站受第 3 号台风“格美”影响最大 24h 降水量为 670mm，为湖南省内有降水观测记录以来最大值。

（3）流域超警河流多、分布广，部分支流及区间洪水异常突出。2024 年，长江流域（片）内共有 433 条河流发生超警以上洪水，其中 115 条河流发生超保洪水，25 条河流发生有实测记录以来最大洪水。6 月 28 日长江发生 2024 年第 1 号洪水，为 1998 年有编号统计资料以来第三次于 6 月下旬形成的编号洪水。长江 2024 年第 1 号洪水期间，洞庭湖汨罗江发生超历史洪水，长江干流沿线陆水发生陆水水库建库以来第 2 大洪水，其上游崇阳站发生超历史洪水。长江 2024 年第 2 号洪水期间，岷江及嘉陵江洪水在重庆寸滩江段遭遇，12 日 20 时三峡水库最大入库流量达 $55000m^3/s$。长江 2024 年第 3 号洪水期间，受台风“格美”影响，湘江支流耒水、洣水、涓水、侧水（涟水支流）等发生超历史洪水，其中耒水东江水库 27 日 10 时最大入库流量为 $11800m^3/s$，为 1986 年建库以来最大入库流量。

（4）长江中下游干流水位涨势猛，洪峰水位居历史前列。入梅以后中下游干流及两湖出口控制站水位快速上涨，6 月 21 日开始各站水位陆续转为高于历史同期均值，6 月 28 日开始主要控制站相继超过警戒水位，至 7 月 1 日 21 时 50 分干流莲花塘以下河段及两湖湖区全线超警。6 月 1 日至 7 月 4 日，长江中下游干流及两湖出口控制站莲花塘、汉口、九江、大通、七里山、湖口站水位总涨幅为 5.72～7.78m，最大日涨幅 0.56～0.81m。各站从起涨至超警历时总体上均短于 1998 年。主要控制站洪峰水位居有实测记录以来第 7～9 位。

四、淮河区暴雨洪水

淮河流域 6 月 21 日入梅，较常年入梅日期（6 月 19 日）偏晚 2d，7 月 21 日出梅，较常年出梅日期（7 月 14 日）偏晚 7d，梅雨期长 30d，偏长 5d。梅雨期降水量为 402mm，较常年（218mm）偏多 84%。7 月上中旬，流域接连发生强降水过程，流域出现区域性大暴雨过程共有 15d。受强降水影响，淮河流域（片）共发生 5 次编号洪水，其中淮河干流 1 次、沂沭泗水系沂河和沭河各 2 次，67 条河流发生超警以上洪水，5 条河流发生超保洪水。

7 月 3—18 日，受副热带高压偏强偏西和冷暖空气共同影响，淮河流域连续出现 4 次强降水过程，流域累计面降水量 229mm，其中沂河 374mm、沭河 304mm、淮河 231mm，累计最大点降水量山东临沂许家崖水库 622mm，降水量分布见图 7－10。受强降水影响，淮河干流王家坝至盱眙河段全线超警，超警幅度 0.41～1.25m、超警历时约 4～10d，蚌埠（吴家渡）站 21 日 13 时 12 分出现洪峰水位 21.05m，超警戒水位（20.30m）0.75m，洪峰流量为 $8780m^3/s$（列 1950 年有资料记录以来第 3 位，1954 年 11600 m^3/s 第 1 位，1950 年 8900 m^3/s 第 2 位），小柳巷站 7 月 21 日 17 时 12 分出现洪峰水位 17.85m，洪峰流量为 $8290m^3/s$（列 1981 年有资料以来第 2 位，

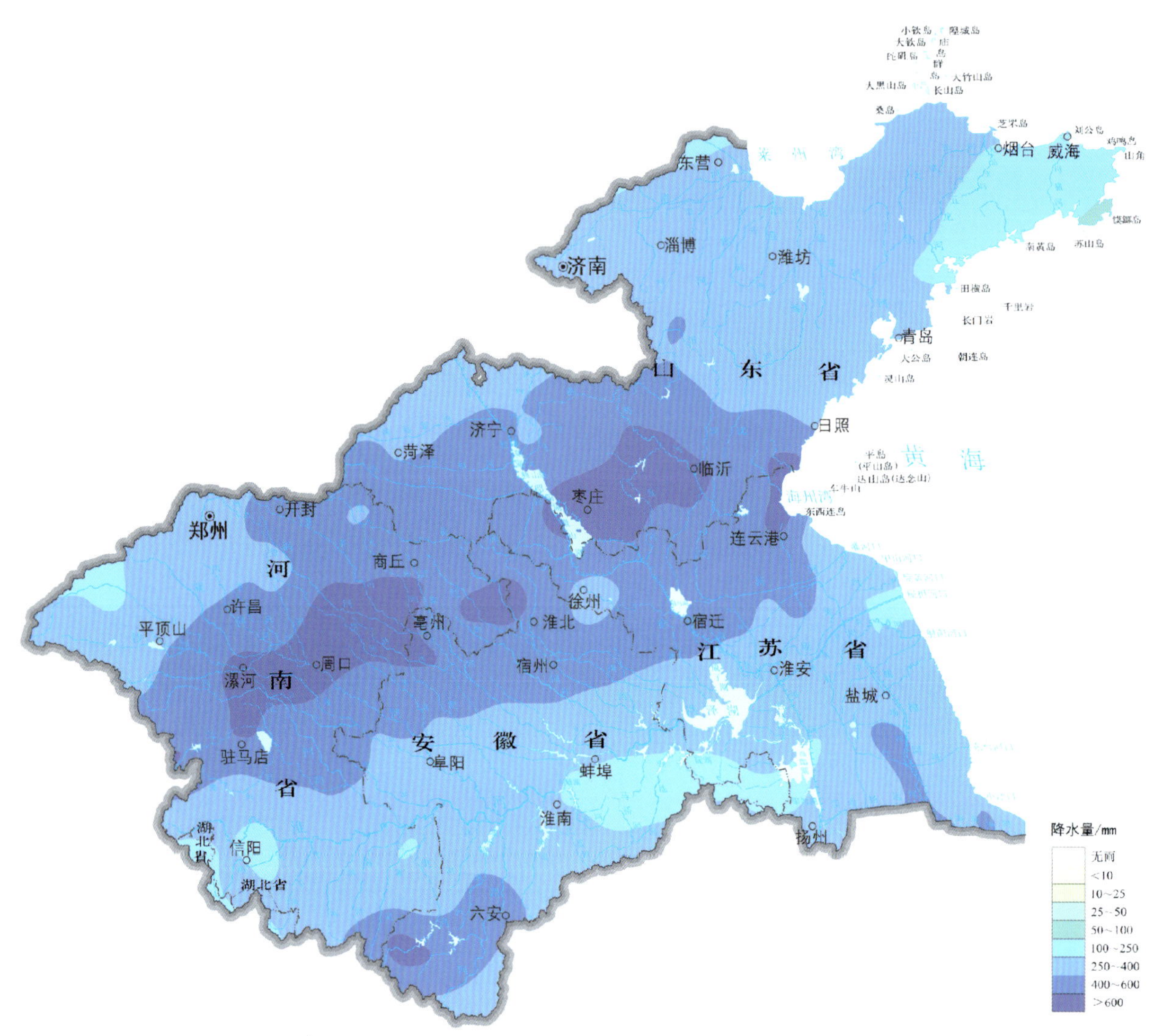

图 7-10　2024 年 7 月 3—18 日淮河区累积降水量分布

2003 年 8600 m^3/s 列第 1 位）。淮河南岸支流白露河发生超保洪水，北庙集站 13 日 10 时 30 分出现洪峰水位 32.64m，超警戒水位（31.00m）1.64m，超保证水位（32.50m）0.14m，洪峰流量为 1340m^3/s（列有资料记录以来第 3 位）。淮河北岸支流小洪河发生超保洪水，五沟营站 17 日 13 时出现洪峰水位 56.69m，超保证水位（56.49m）0.20m；洪汝河、沙颍河、涡河、洪泽湖北部支流等发生超警洪水，超警幅度 0.04～1.8m，涡河涡阳闸发生超历史洪水，19 日 12 时 48 分出现洪峰水位 30.67m，列有资料记录以来第 1 位。

淮河区暴雨洪水主要河流洪水特征值见表 7-5。

淮河区暴雨洪水呈现以下特点：

（1）降水总量多、强度大、梅雨时间长。6 月 21 日至 7 月 31 日，淮河流域降水量 436mm，较历史同期偏多 7 成，为 1954 年以来历史同期第 2 位，尤其是 7 月上中旬，淮

表 7－5 淮河区暴雨洪水主要河流洪水特征值

河流	站点	洪峰水位时间 /(月-日 时：分)	洪峰水位 /m	超警戒水位 /m	超保证水位 /m	洪峰流量 /(m^3/s)	排位		资料起始年份
							水位	流量	
淮河	王家坝（总）	07－14 6：30	27.91	0.41	—	3830*	31	28	1952
淮河	正阳关	07－20 13：42	25.17	1.17	—	—	16	—	1950
沂河	临沂	07－07 19：36	62.32	—	—	6240	26	11	1950
沭河	重沟	07－09 13：14	56.58	—	—	2230	5	5	2011
涡河	大寺闸	07－18 8：06	35.54	0.04		1460	15	1	
涡河	蒙城闸	07－20 4：36	26.63	0.28		1750	3	4	
新汴河	团结闸	07－22 18：12	19.88	0.38		1090	2		
淮河	蚌埠（吴家渡）	07－21 13：12	21.05	0.75		8780	11	3	1950
小清河	石村	07－06 13：09	4.06			443	46	3	1954
小清河	岔河	07－06 8：42	6.47	—	—	441	—	4	1967
史灌河	蒋家集	07－13 11：00	32.04	0.04		2780	24	18	

河流域暴雨过程连续不断，有 15d 出现区域性大暴雨，流域累计降水量 342mm，为 1954 年以来历史同期第 1 位。200mm 以上降水笼罩面积占流域总面积的 96%，300mm 以上降水笼罩面积占 82%。共 20 站累计降水量超 900mm，其中六安金寨县燕子河站、马宗岭站降水量分别达 1060mm、1056mm。淮河 6 月 21 日入梅，较常年入梅日期（6 月 19 日）偏晚 2d，7 月 21 日出梅，较常年出梅日期（7 月 14 日）偏晚 7d，梅雨期长 30d，偏长 5d。

（2）降水区南北摆动，暴雨区域集中。7 月 5—8 日，暴雨集中在流域北部的沂沭泗河水系南四湖湖东、沂河沭河中游，累计最大点降水量临沂高榆 573mm；9—13 日，暴雨南移并集中在淮南支流潢河上游、史灌河中上游、淠河中上游，累计最大点降水量出现在河南信阳大门楼水库，达 614mm；14—18 日，降水区北移，暴雨集中在淮北支流洪汝河上游、沙颍河中上游、涡河上游，累计最大点降水量出现在河南商丘包公庙，为 528mm。

（3）南北相继成洪，淮干流量大。淮南支流潢河、白露河、史灌河、淠河于 7 月 11—13 日相继发生超警洪水，超警幅度 0.04～1.64m；淮北支流洪汝河、沙颍河、涡河于 7 月 16—18 日相继发生超警洪水，超警幅度 0.67～1.68m。淮南支流洪水迅速进入淮干抬高水位，淮北支流洪水入淮干后，与淮干水位同步演进，导致淮干洪水峰高且持续时间长，蚌埠（吴家渡）站洪峰流量为 8780m^3/s，列 1950 年有实测资料以来第 3 位；小柳巷站最高水位 17.85m，列有历史资料以来第 4 位，最大流量为 8290m^3/s、列有历史资料以来第 2 位。

（4）淮沂洪水遭遇，河湖水情相互影响。7 月以来，首次强降水过程主要集中在沂沭泗河水系，其后淮河以南、淮河以北地区相继出现持续强降水过程，历时 9d，随即沂沭泗河再度迎来强降水过程。沂沭河洪水陡涨陡落，淮河洪水中下游下泄不畅、高水位持续时间长，沂沭河第二轮涨水过程与淮河洪水过程同频遭遇；由于新沂河正大流量行洪，沭阳水位较高且处于超警状态，新沂河沭阳站 7 月 21 日出现最高水位 10.49m、洪峰流量为 4860m^3/s；同期洪泽湖水位为 13.09m，入湖流量为 11400m^3/s、出湖流量仅为 6970m^3/s，难以通过二河闸和分淮入沂大流量向新沂河分泄淮河洪水。

五、台风暴雨洪水

2024 年，西北太平洋和南海共生成 26 个台风，较常年偏多 1 个，主要集中在 8—11 月；有 9 个台风登陆我国，比常年多 2 个，其中第 11 号台风“摩羯”以超强台风强度（17 级以上，风速为 62m/s）登陆海南文昌，为 1949 年以来登陆海南的第二强台风（历史最强为 201410 号台风“威马逊”，17 级以上，风速为 70m/s），第 13 号台风“贝碧嘉”以强台风强度（14 级，风速为 42m/s）登陆上海浦东，为 1949 年以来登陆上海最强台风。

7 月 25—31 日，第 3 号台风“格美”登陆福建并深入内陆，受其环流北上与冷空气交绥影响，华南、江南大部、西南东部南部、黄淮北部、华北东部、东北大部等地出现大范围长历时强降水过程，福建、广东、湖南、河北、辽宁等地降暴雨到大暴雨，局部特大暴雨。累计降水量 250mm、100mm 以上暴雨笼罩面积分别为 8.7 万 km^2、79.6 万 km^2，湖南资兴坪石累计点降水量 718mm 最大、福建宁德水门达 630mm，过程降水总量达 2263 亿 m^3。受降水影响，长江、黄河上游、珠江流域韩江各发生 1 次编号洪水，松花江吉林段发生 2 次编号洪水，长江上游金沙江中下段、支流岷江嘉陵江、中游洞庭湖水系湘江支流洣水、侧水、涓水、耒水，松花江干流及支流牡丹江、辽河及支流东辽河、太子河、鸭绿江，太湖等 291 条河流发生超警以上洪水，其中金沙江、牡丹江、鸭绿江、塔里木河等 75 条河流发生超保洪水，洣水、侧水、涓水、耒水、牡丹江、东辽河、鸭绿江等 7 条河流发生有实测记录以来最大洪水。

9 月 6 日第 11 号台风“摩羯”在海南文昌和广东徐闻登陆，为有气象记录以来秋季登陆我国的最强台风，也是近 10 年登陆我国的最强台风。9 月 5—9 日，华南南部及云南南部等地出现强降水过程，以大雨到暴雨为主，海南大部、广西沿海、广东西部沿海等地发生大暴雨到特大暴雨。累计降水量 250mm、100mm 以上暴雨笼罩面积分别为 1.5 万 km^2、18.1 万 km^2；累计最大点降水量出现在广西防城港板八，为 1075mm。受降水影响，珠江流域西江支流郁江左江、海南南渡江，松辽流域（片）乌苏里江、嫩江支流霍林河等 54 条河流发生超警以上洪水，其中郁江支流西洋江、元江支流响水河等 6 条河流发生超保洪水。

10月28日至11月1日，受20号台风“潭美”残余环流和21号台风“康妮”登陆共同影响，江南东部及海南等地出现强降水过程，海南中东部降大暴雨到特大暴雨。累计降水量400mm、250mm、100mm以上暴雨笼罩面积分别为1.0万km^2、1.9万km^2、10.1万km^2；累计最大点降水量出现在海南万宁牛路岭987mm，浙江温州峰文降水量为381mm。受降水影响，海南万泉河及支流定安河发生特大洪水，海南万泉河、昌化江、南渡江及浙江甬江支流姚江慈江等84条河流发生超警以上洪水，最大超警幅度为0.02～4.86m，其中万泉河上游、南渡江支流新吴溪、姚江、慈江等14条河流发生超保洪水，最大超保幅度为0.01～2.36m，定安河发生1956年有实测记录以来最大洪水；太湖周边河网区有32站水位超警0.02～0.64m，其中4站水位超保0.01～0.23m。

主要登陆影响我国的台风基本情况见表7-6。

表7-6　主要登陆影响我国的台风基本情况

编号	名称	登陆情况		影响情况	
		时间	地点	省（自治区、直辖市）	降水
202403	格美	7月25日0时	台湾宜兰	辽宁、广东、福建、吉林、天津、湖南、北京、广西、江西、贵州、山东、浙江、河北、云南、重庆、黑龙江、山西、河南、海南、湖北、四川、陕西、安徽	7月25—31日，华南、江南大部、西南东部南部、黄淮北部、华北东部、东北大部等地出现大范围长历时强降水过程，以大雨到暴雨为主，局部发生特大暴雨；累计降水量250mm、100mm、50mm以上暴雨笼罩面积分别为8.7万km^2、79.6万km^2、169.7万km^2；累计面降水量为辽宁173mm、广东164mm、福建149mm、吉林141mm、天津109mm、湖南10mm、北京106mm、广西101mm、江西84mm、贵州82mm、山东78mm、浙江69mm、河北67mm、云南66mm、重庆64mm、黑龙江54mm、山西43mm、河南39mm、海南38mm、湖北37mm、四川29mm、陕西27mm、安徽17mm；累计最大点降水量为湖南资兴坪石718mm、福建宁德水门630mm、浙江温州峰文614mm
		7月25日19时	福建莆田		

续表

编号	名称	登陆情况		影响情况	
		时间	地点	省（自治区、直辖市）	降水
202411	摩羯	9月6日16时 9月6日22时	海南文昌 广东徐闻	广西、广东、海南、云南、贵州、湖南、四川、福建、江西	9月5—9日，华南、江南西南部、西南东南部等地出现强降水过程；累计降水量250mm、100mm、50mm以上暴雨笼罩面积分别为1.5万km^2、18.1万km^2、43.2万km^2；累计面降水量为广西78mm、广东74mm、海南72mm、云南39mm、贵州28mm、湖南18mm、四川18mm、福建17mm、江西8mm；累计最大点降水量为广西防城港板八1075mm、广东湛江合溪水库438mm
202421	康妮	10月31日14时	台湾台东	上海、浙江、江苏、福建	10月31日至11月1日，江淮东部、江南东部出现强降水过程；累计降水量100mm、50mm以上暴雨笼罩面积分别为6.6万km^2、13.4万km^2；累计面降水量为上海145mm、浙江98mm、江苏39mm、福建13mm；累计最大点降水量为浙江温州峰文378mm、福建宁德飞鸾265mm、上海浦东新区南汇站249mm

六、城市严重洪涝

2024年，广东韶关、清远、珠海，广西桂林、南宁，陕西宝鸡，湖南岳阳等城市发生有严重影响的城市洪涝。

2024年4月4日广东进入汛期，粤北地区首先受到强对流天气影响，韶关多地遭遇大风、暴雨、冰雹天气，英德站1h降水量为116.5mm，为有记录以来最大值。受强降水影响，韶关多地发生内涝并次生泥石流等灾害。4月18—20日清远全市出现大暴雨局部特大暴雨，清远源潭站1h降水量为92mm，北江发生2024年第2号洪水，阳山县城、英德市和清城区等地出现内涝。5月4日，台风“摩羯”残余环流和副热带高压异常导致珠海市强降雨持续，河流水位上涨；同时受天文大潮引发潮水顶托等影响，内水外排受阻，珠海市多处积水；斗门小濠冲、金湾平沙片区等因山洪叠加城市排水压力出现严重内涝。

由于副热带高压与西南季风的共同作用，冷暖气流长时间在广西上空交汇，强对流导致了极端强降水，6月3—18日，广西桂林市出现多次强降水过程，桂林塔边累计最大点降水量达 928mm，桂江桂林站 20 日 0 时 55 分洪峰水位为 148.88m，超过保证水位 1.88m，列 1936 年有实测记录以来第 1 位。6 月 18 日起，由于桂江水位持续上涨以及上游水库蓄满后按调度指令泄洪，洪水量级大，超过桂林市城区防洪标准，引起河水倒灌，桂林城区出现严重内涝，沿江区域及市中心低洼地区被淹，水最深的地方有数米深，桂林站因进水停止运营。

受台风“摩羯”带来的降雨影响，广西防城港市上思县叫安镇红旗林场十万山景区站日降水量达 380.0mm，郁江南宁市城区河段（别称邕江）洪水持续上涨，9 月 9 日起，郁江沿岸地势低洼处被淹，11 日邕江大桥封闭，广西民族博物馆等场所被淹，9 月 12 日，郁江（邕江）南宁站洪峰水位 76.28m（超警 3.28m），为 2001 年以来最高洪峰。2024 年 7 月 1 日，受持续强降雨影响，湖南省岳阳市平江县中心城区多处内涝，县城两段堤防共计 3.1km 出现洪水漫溢，局地积水深达 3m，2 日汨罗江干流平江站出现 77.67m 的洪峰水位，超过警戒水位（70.50m）7.17m，超过保证水位（74.00m）3.67m，为 1954 年以来最高水位。

2024 年 7 月 16—17 日，陕西宝鸡市遭遇暴雨，杨家湾站日降水量达 193.2mm，突破历史纪录，市区内石坝河及其支流瓦峪河快速涨水漫堤，导致市区部分区域出现内涝和泥石流险情。

黄河源（龙虎　摄）

第八章 干旱

一、概述

2024年，我国旱情总体偏轻，区域性、阶段性特征明显。全国相继发生西南地区冬春连旱、华北西北黄淮地区夏旱和西南地区伏秋旱，影响范围包括云南、重庆、四川、广西、贵州、河北、山西、江苏、安徽、山东、河南、陕西、甘肃、湖南、湖北、内蒙古等省（自治区、直辖市）。1—4月，西南地区降水持续偏少、库塘蓄水不足，云南、四川等地部分地区发生冬春连旱，旱情持续时间长、程度重。5—6月，华北、黄淮、江淮等地气温持续偏高，土壤失墒加快，河南、山东、安徽、江苏、河北、山西、陕西、甘肃等省发生夏旱，旱情发展快、范围广，6月中下旬雨带北抬，大部分地区旱情逐渐缓解，部分地区出现旱涝急转。8—9月，川渝和长江中游等地受高温少雨影响，长江干流来水较常年同期偏少2～4成，四川、重庆、湖北局地等出现伏秋旱。9月中旬至10月下旬，长江中下游干流及洞庭湖、鄱阳湖水位一度降至历史同期第2低（最低为2022年）。

此外，内蒙古6—8月降水、来水偏少，大部地区出现旱情，9月旱区出现降水，旱情逐步解除。

二、西南地区冬春连旱

1—4月，云南大部、四川南部、贵州西部北部等地累计降水量较常年同期偏少2～5成，其中云南中部北部、四川西南部偏少6～9成；云南总管田站降水量仅为1.5mm，比常年同期偏少93.5%。云南元江、南盘江和贵州赤水河等主要江河来水量较常年同期偏少4～6成，云南金沙江支流桑园河等23条河流断流，抚仙湖、泸沽湖和勐烈河、威远江等中小河流出现历史最低水位；西江上游小龙潭站实测径流量为 1.155 亿 m^3，比常年同期偏少 67%。

3 月上旬，云南曲靖红河楚雄昆明、四川内江宜宾、广西南宁等地水库蓄水量较常年同期偏少 2～5 成，云南有 300 多座、四川有 40 多座中小水库干涸。4 月上中旬，云南、四川、贵州和广西 4 省（自治区）一度有 568 万亩耕地受旱，40.5 万人、16.7 万头大牲畜因旱饮水困难。4 月下旬，西南地区陆续出现降水过程，广西、贵州旱情解除，云南、四川旱情至 6 月逐步解除。

部分省（自治区）部分测站 1—4 月降水量和实测径流量距平统计分别见表 8 - 1 和表 8 - 2。2024 年 1—4 月云南累计降水量和实测径流量距平如图 8 - 1 和图 8 - 2 所示。

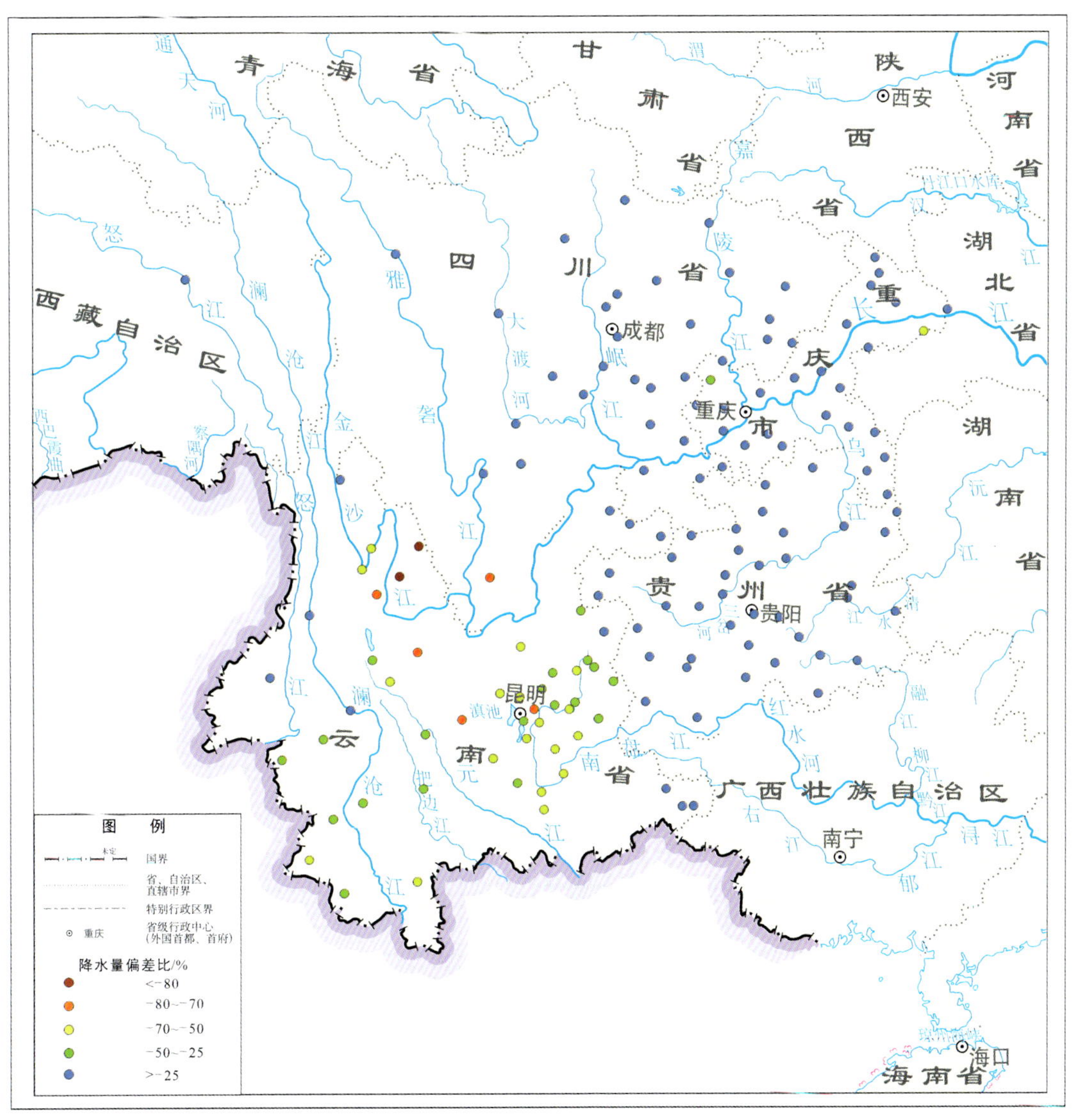

图 8 - 1　2024 年 1—4 月云南累计降水量距平

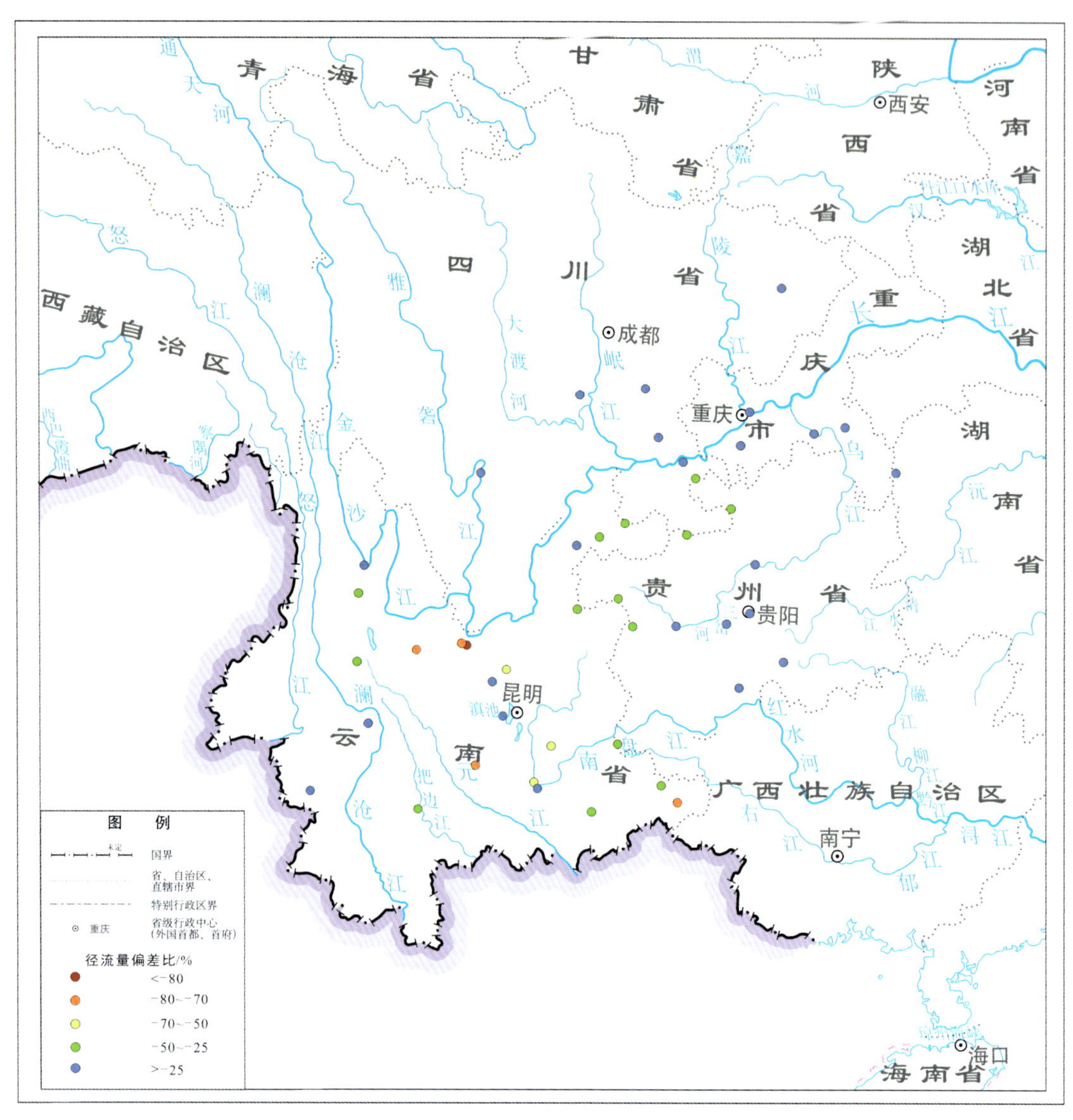

图 8-2 2024 年 1—4 月云南累计实测径流量距平

表 8-1 部分省（自治区）部分测站 1—4 月降水量距平统计

省（自治区）	测站名称	月降水量距平/%				1—4 月累计降水量距平/%
		1 月	2 月	3 月	4 月	
云南	总管田	-100	-83	-91	-95	-93.5
贵州	法地	-27	-70	-27	-2	-22.4
四川	米易	-100	-87	-63	-64	-73.1
广西	容县	-28	-62	-24	17	-10.7

表 8-2 部分省（自治区）部分测站 1—4 月实测径流量距平统计

省（自治区）	测站名称	河流	月实测径流量距平/%				1—4 月累计实测径流量距平/%
			1 月	2 月	3 月	4 月	
云南	小龙潭	西江	-56	-60	-68	-88	-67
贵州	赤水	赤水河	-56	-43	-51	-22	-40.4
广西	隆安	郁江	-45	-41	-42	-4	-32.2

三、华北西北黄淮地区夏旱

5—6 月，华北大部、西北东部和黄淮等地累计降水量较常年同期偏少 2～4 成，其中河北南部、山西南部、江苏西北部、安徽北部、山东西部、河南北部东部、陕西中东部、甘肃东部等地偏少 5～9 成；河南省永城闸站降水量为 14.8mm，比常年同期偏少 91.1%，安徽省宿县闸站降水量为 23mm，比常年同期偏少 87%，山西省义棠站降水量为 11.4mm，比常年同期偏少 87.7%。黄河中下游干流及支流渭河、北洛河、汾河来水量较常年同期偏少 1～6 成，汾河河津站实测径流量为 0.4584 亿 m^3，比常年同期偏少 45.6%；淮河上游干流及支流沙颍河、山东沂河沭河偏少 5～9 成，淮河蚌埠（吴家渡）站实测径流量为 10.009 亿 m^3，比常年同期偏少 73%。

华北黄淮等地高温日数达 10～28d；水库蓄水形势总体较好，但河北张家口、山西大同、陕西延安和西安等地中小水库蓄水量较常年同期偏少 2～4 成。持续高温少雨导致土壤失墒加剧，旱情迅速蔓延，6 月中旬旱情高峰期，河北、山西、江苏、安徽、山东、河南、陕西、甘肃 8 省一度有 8226 万亩耕地受旱，主要影响玉米、大豆等作物适期播种和已出苗作物生长，部分分散供水的农村人口用水也受到影响。6 月底，旱区陆续出现降水过程，旱情逐步解除。

部分省部分测站 5—6 月降水量和实测径流量距平统计见表 8-3 和表 8-4。2024 年 5—6 月华北西北黄淮地区累计降水量和实测径流量距平如图 8-3 和图 8-4 所示。

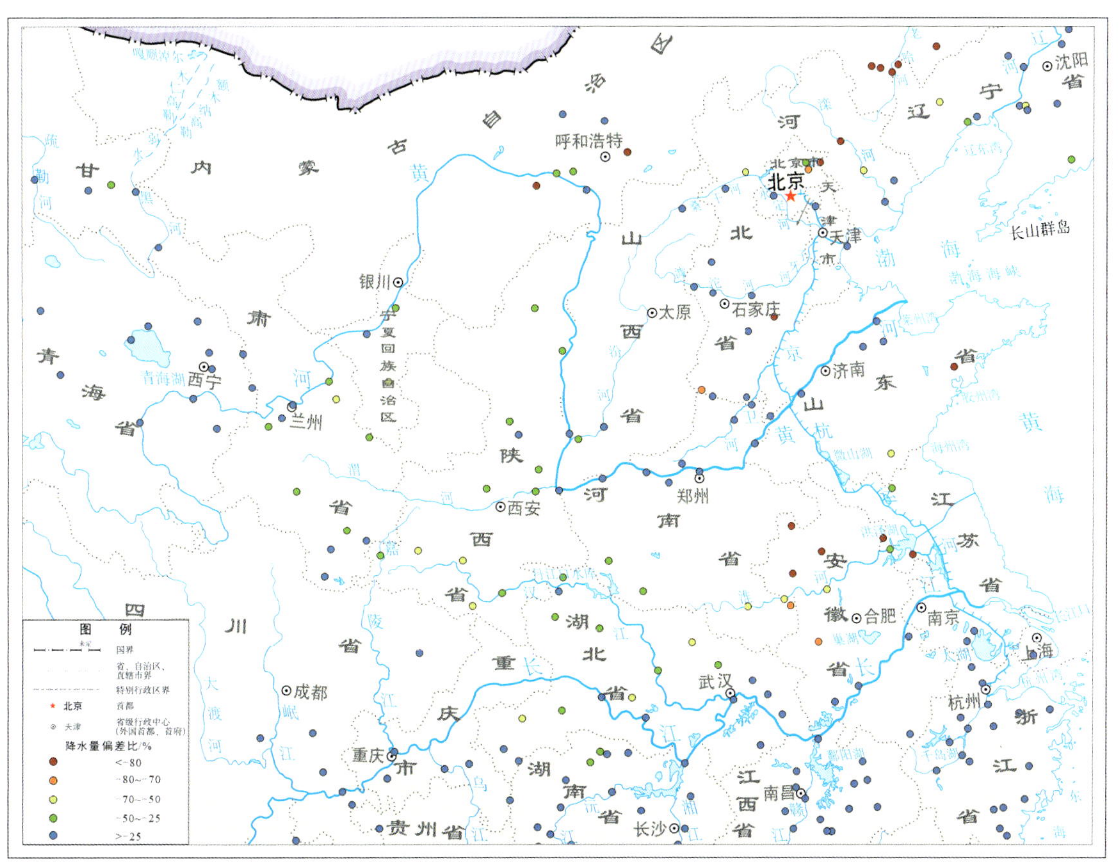

图 8-3　2024 年 5—6 月华北西北黄淮地区累计降水量距平

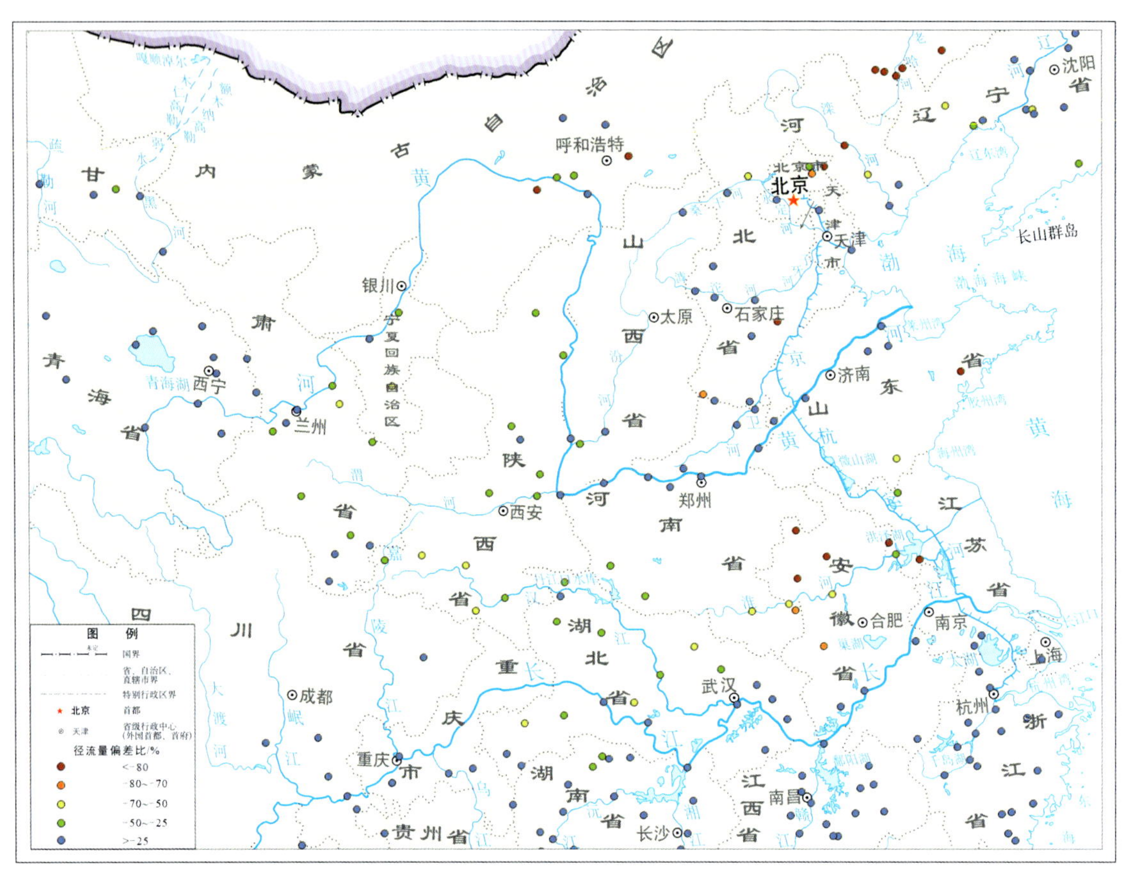

图 8-4 2024 年 5—6 月华北西北黄淮地区累计实测径流量距平

表 8-3 部分省部分测站 5—6 月降水量距平统计

省份	测站名称	月降水量距平/%		5—6 月累计降水量距平/%
		5 月	6 月	
河北	西大洋水库	−73	−79	−76.8
山西	义棠	−86	−89	−87.7
江苏	磘湾	−62	−80	−73
安徽	宿县闸	−94	−83	−87
山东	济阳	−65	−87	−79
河南	永城闸	−96	−87	−91.1
陕西	延川	−60	−89	−76.8
甘肃	党城湾	−82	−84	−83.7

表 8-4　　部分省部分测站 5—6 月实测径流量距平统计

省份	测站名称	河流	月实测径流量距平/%		5—6 月累计实测径流量距平/%
			5 月	6 月	
山西	河津	汾河	−10	−75	−45.6
安徽	蚌埠（吴家渡）	淮河	−68	−77	−73
山东	利津	黄河	−21	−10	−14.9
河南	息县	淮河	−48	−66	−58.3
陕西	高滩	任河	−55	−70	−63.3
甘肃	郭城驿	祖厉河	−41	−60	−51.9

四、西南地区伏秋旱

8—9 月，西南地区东部累计降水量较常年同期偏少 2～4 成，其中重庆、四川中东部偏少 5 成以上；重庆市双河口站降水量为 61.5mm，比常年同期偏少 77%，四川省北斗站降水量为 114.5mm，比常年同期偏少 63.6%，贵州省牙舟站降水量为 78mm，比常年同期偏少 89.6%。四川雅砻江、渠江，贵州赤水河、乌江来水量较常年同期偏少 5～8 成，贵州北盘江大渡口站实测径流量为 2.4895 亿 m^3，比常年同期偏少 76.7%；重庆嘉陵江，四川岷江、沱江来水量较常年同期偏少 2～5 成，重庆乌江武隆站实测径流量为 41.73 亿 m^3，比常年同期偏少 56.9%。

重庆市高温日数达 44d，较常年同期偏多 29 d，为 1961 年以来最多，四川有 9 个气象站出现日最高气温历史同期极值。重庆、四川、贵州等地出现旱情，9 月下旬 3 省（直辖市）一度有 150 万亩耕地受旱，6.5 万人、5.5 万头大牲畜因旱饮水困难。9 月底开始，旱区出现多次降雨过程，旱情逐步解除。

部分省（自治区）部分测站 8—9 月降水量、径流量距平统计见表 8-5 和表 8-6，2024 年 8—9 月西南地区累计降水量、径流量距平如图 8-5 和图 8-6 所示。

表 8-5　　部分省（自治区）部分测站 8—9 月降水量距平统计

省（自治区）	测站名称	月降水量距平/%		8—9 月累计降水距平/%
		8 月	9 月	
重庆	双河口	−88	−63	−77
四川	北斗	−94	−16	−63.6
贵州	牙舟	−74	−64	−69.8
广西	陆屋	−75	−48	−65.8

表 8-6　部分省（自治区）部分测站 8—9 月实测径流量距平统计

省（自治区）	测站名称	河流	月实测径流量距平/%		8—9 月累计实测径流量距平/%
			8 月	9 月	
重庆	武隆	乌江	−51	−65	−56.9
四川	泸宁	雅砻江	−5	−66	−35.2
贵州	大渡口	北盘江	−73	−81	−76.7
广西	迁江	西江	−49	−61	−53.6

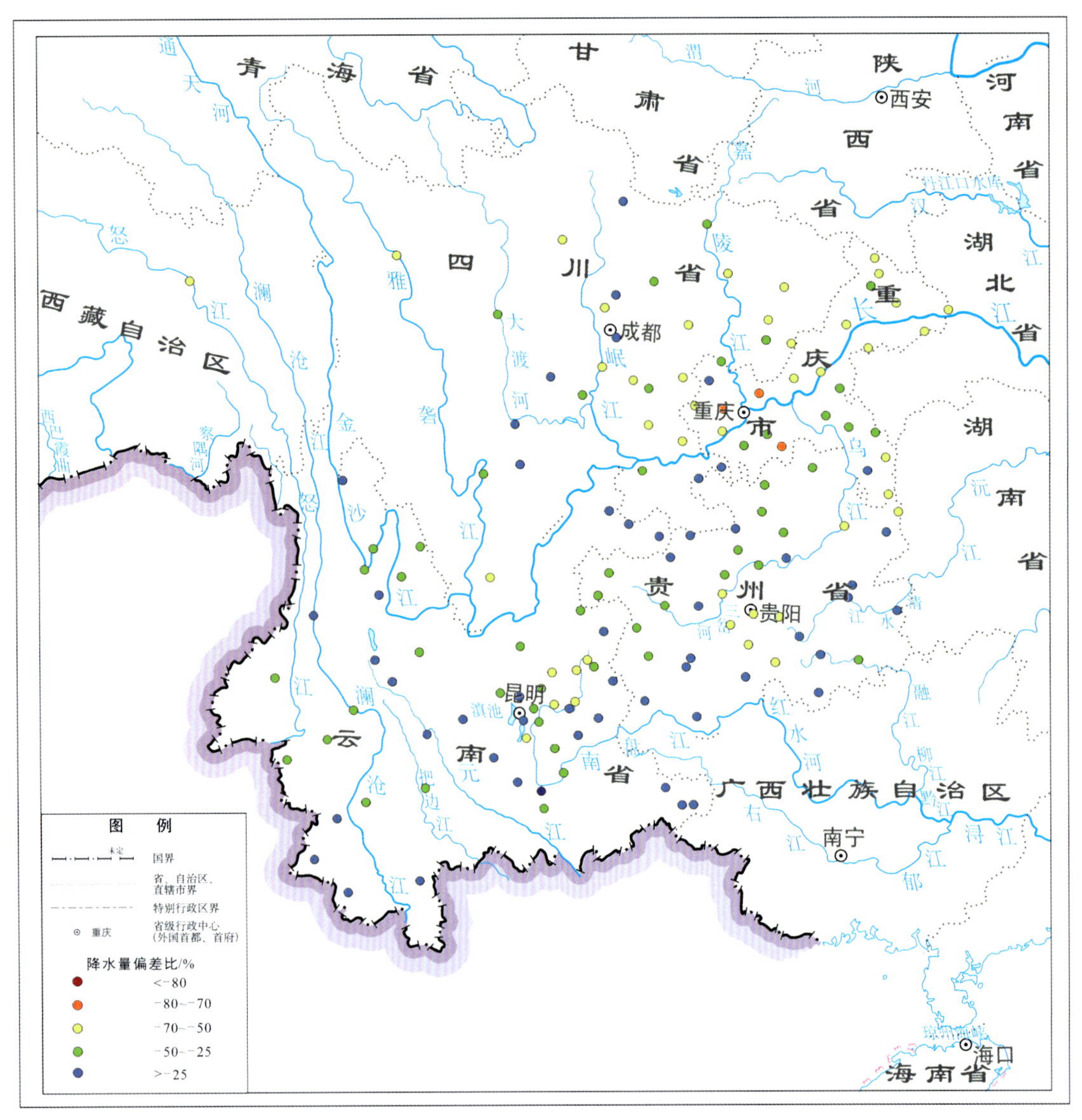

图 8-5　2024 年 8—9 月西南地区累计降水量距平

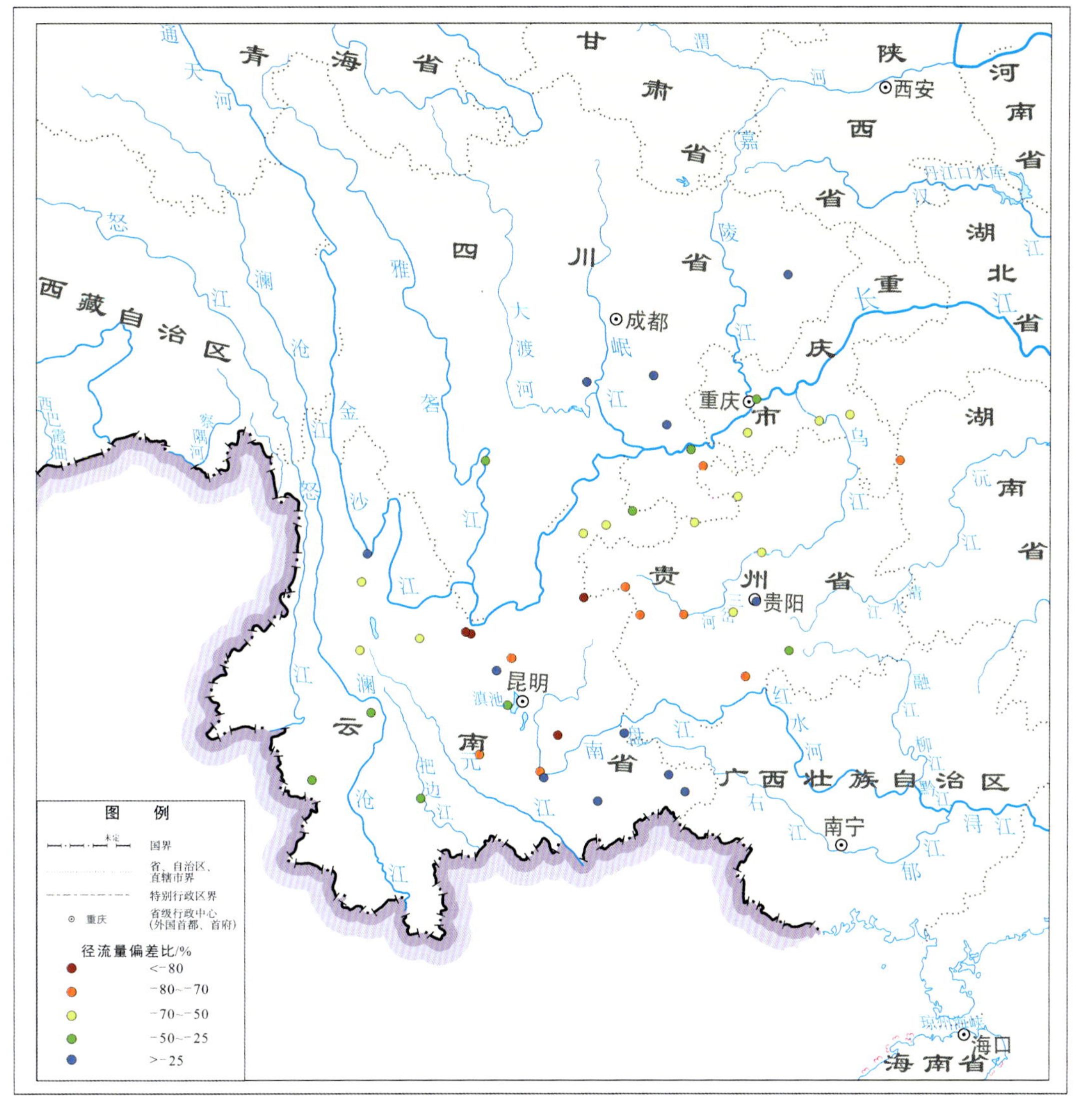

图 8-6 2024 年 8—9 月西南地区累计实测径流量距平

磴口黄河大桥（杨桂珍　提供）

第九章
冰　凌

一、概述

2024年度凌汛期，黄河、黑龙江、辽河凌情形势平稳，未形成灾情和险情。2024年11—12月，黑龙江、辽河、黄河相继出现封冻，首封日期均较常年偏晚。2025年2—3月，黄河、辽河陆续开河，3—4月，黑龙江各河段陆续开江，除西辽河支流老哈河开河日期较常年偏晚外，黄河、黑龙江及辽河其余河段开河（江）日期均较常年偏早。

二、黄河

2024年11月27日，宁蒙河段出现流凌，黄河进入2024年度凌汛期，2025年2月8日黄河干流达到最大封河长度728.4km，较近10年均值偏短约18%；其中宁蒙河段647km，中游河段81.4km，2025年3月19日内蒙古河段全线开通，凌汛期共历时113d，凌情形势平稳，未出现凌汛险情。

2024年度黄河凌情主要呈现以下特点：冷空气势力弱，气温整体偏高；首凌首封晚，开河时间早；上中游出现封河，封冻长度短；上游封冻河段冰厚薄，槽蓄水增量小，凌峰流量及开河期最大10d水量小；黄河下游河段出现三次短暂流凌过程，未封河。

（一）封、开河情况

2024年度，黄河宁蒙河段于2024年11月27日开始流凌，首凌日期较常年（1971—2020年，下同）偏晚7d；12月14日在内蒙古河段包头市土默特右旗贺成全村附近出现封冻（图9-1），首封日期较常年偏晚11d。2025年1月29日达到本年度最大封河长度647km，较近10年均值偏短107km，为有资料记录以来第3短。封冻上首位于宁蒙省界断面麻黄沟，宁夏河段出现三次流凌过程，未发生封冻。

图 9-1　2024 年度黄河内蒙古河段封冻

受气温回升影响，2025 年 2 月 17 日，内蒙古封冻河段开始融冰开河，3 月 19 日，封冻河段全线开通，开河日期较常年偏早 6d。开河期间，头道拐水文断面最大凌峰流量为 814m^3/s，较常年偏小 6 成，为有资料记录以来第 3 小；开河最大 10d 实测径流量为 6.02 亿 m^3，较常年偏少近 4 成。

2024 年度，宁蒙河段各水文站冬季首封日期、春季开河日期及常年封河日期、常年开河日期统计情况见表 9-1。各站封冻日期与常年相比，巴彦高勒站、三湖河口站、包头站、头道拐站偏晚 5～13d，石嘴山站未封冻。开河日期与常年相比，巴彦高勒站、三湖河口站、包头站和头道拐站分别偏早 10d、7d、3d、6d。

表 9-1　2024 年度黄河宁蒙河段各水文站封河、开河日期统计

封、开河日期	石嘴山站	巴彦高勒站	三湖河口站	包头站	头道拐站
封河日期/(年-月-日)	未封冻	2025-01-03	2024-12-15	2024-12-15	2024-12-15
开河日期/(年-月-日)	未封冻	2025-03-01	2025-03-13	2025-03-14	2025-03-14
常年封河日期/(月-日)	01-11	12-21	12-07	12-09	12-10
常年开河日期/(月-日)	02-26	03-11	03-20	03-17	03-20

注：除包头站（2014—2020 年）外，常年均指 1971—2020 年均值。

宁蒙河段历年封河、开河日期及常年封河、开河日期对比，见图 9-2。

2024 年度，黄河中游河段于 12 月 8 日在天桥库区首次出现封冻，2025 年 1 月 17 日，黄河中游达到最大封冻长度 83.9km，3 月 14 日封冻河段全部开通，封冻历时 97d。

2024 年度，黄河下游河段凌汛期平均气温较常年同期偏高。2025 年 1 月 10 日，黄河下游河段首次出现流凌，首凌日期较常年偏晚 21d，首凌持续 3d 后消失。之后受气温起伏变化影响，黄河下游河段分别于 1 月 29—30 日、2 月 7—12 日出现两次短暂流凌过程。本年度黄河下游共出现 3 次流凌过程，未发生封冻。

（二）冰情特征值

2024 年度黄河宁蒙河段各水文站冰厚及冰期水位统计见表 9-2，图 9-3 为黄河宁蒙河段冰厚监测现场情况。

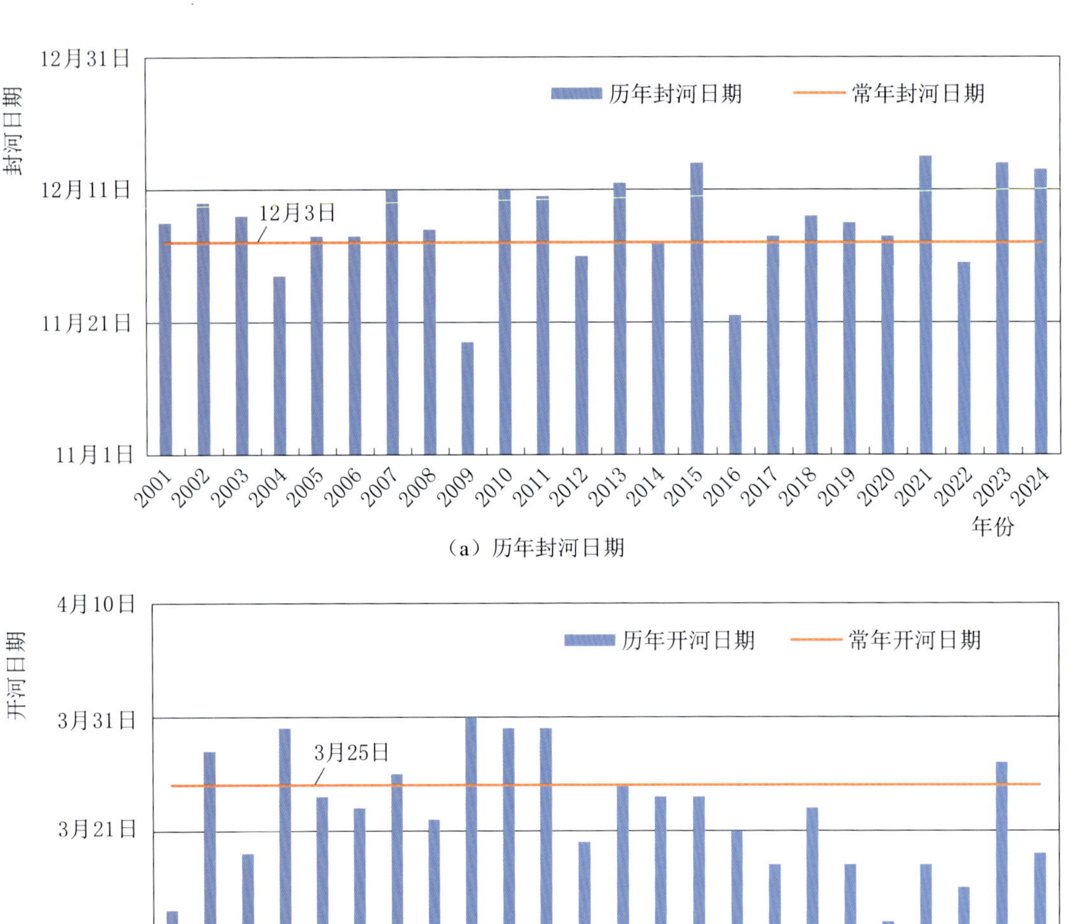

（a）历年封河日期

（b）历年开河日期

图 9－2 黄河宁蒙河段封河、开河日期对比

表 9－2 2024 年度黄河宁蒙河段各水文站冰厚及冰期水位统计

站名	最大冰厚/cm	出现日期	冰期水位/m	2023 年度		近 5 年		常年	
				最大冰厚/cm	增减量/cm	平均冰厚/cm	增减量/cm	平均冰厚/cm	增减量/cm
石嘴山	—	—	—	—	—	15	—	36.3	—
巴彦高勒	62	2025－02－26	1051.36	45	17	48.8	13.2	63.6	－1.6
三湖河口	48	2025－02－06	1018.17	46	2	52.8	－4.8	60.6	－12.6
包头	50	2025－02－16	1003.46	56	－6	58.2	－8.2	59.1	－9.1
头道拐	59	2025－02－21	988.4	83	－24	69.4	－10.4	61.1	－2.1

注：冰期水位为各站出现最大冰厚当日 8 时水位，除包头站（2014—2020 年）外，常年均指 1971—2020 年均值。

图 9－3 2024 年雷达在线监测冰期冰厚

三、黑龙江

2024 年度，黑龙江流域气温整体偏高，封开河整体呈现封河偏晚，开河偏早的特点。自 2024 年 11 月起，黑龙江流域各河段相继封冻，各站首封日期较常年偏晚，其中松花江站首封日期出现在 2025 年 2 月。自 2025 年 3 月起，黑龙江流域各河段陆续开河，各站开河普遍早于常年。各站封冻历时最长为洛古河站 160d，最短为松花江站 40d。

（一）封、开河情况

2024 年度，洛古河站河段于 10 月 20 日开始流凌，11 月 12 日首封，流冰至封河间隔 23d。2024 年冬季，黑龙江干流和嫩江干流全线封冻，封冻长度分别为 1905km 和 1370km。

2024 年度，黑龙江流域各河段水文站冬季首封日期、春季开河日期及常年封河日期、常年开河日期统计情况见表 9－3。

表 9－3 2024 年度黑龙江流域各水文站封河、开河时间统计

封开河日期	洛古河站	江桥站	松花江站	哈尔滨站	柳家屯站	两家子（三）站
封河日期/(年-月-日)	2024－11－12	2024－11－19	2025－02－03	2024－11－28	2024－11－14	2024－12－4
开河日期/（年-月-日）	2025－04－20	2025－04－02	2025－03－14	2025－04－03	2025－04－14	2025－03－17
常年封河日期/(月-日)	11－09	11－13	12－05	11－20	11－11	11－20
常年开河日期/(月-日)	04－27	04－02	03－25	04－6	04－16	03－27

注：洛古河站常年指建站至 2023 年；江桥站常年指 1956—2024 年；松花江站封河日期常年指 2001—2020 年，开河日期常年指 2002—2021 年；哈尔滨站常年指 1955—2024 年；柳家屯站常年指 1935—2020 年，两家子（三）站常年指 1956—2020 年。

各站封河日期与常年相比，除松花江站外，各站首封日期较常年封河日期偏晚 3～14d，松花江站封河日期较常年偏晚 60d；开河日期与常年相比，除江桥站外，各站开河

日期较常年开河日期偏早2～11d，江桥站开河日期与常年一致；封冻历时，洛古河站最长为160d，松花江站最短，为40d，其他水文站为104～152d。

根据历史数据分析，松花江吉林段松花江站在连续15 d气温低于－25℃的情况下才封冻。2024年冬季气温偏高，松花江站河段不具备封冻条件，2025年1月底2月初，气温下降，松花江站首封，3月气温回暖后，该河段解冻开河，封冻历时40d。2025年1月松花江站河段未封冻实景见图9－4。

图9－4　2025年1月1日松花江站河段未封冻实景图

哈尔滨水文站历年封河、开河日期及常年封、开河日期对比见图9－5。

（二）冰情特征值

2024年度黑龙江流域各水文站冰厚及冰期水位统计见表9－4。与常年平均最大冰厚相比，除江桥站外，各水文站最大冰厚均偏小。2024年度黑龙江干流冰厚及水位监测作业现场情况见图9－6，黑龙江干流开江情况见图9－7。

表9－4　2024年度黑龙江流域各水文站冰厚及冰期水位统计

站名	最大冰厚/cm	出现日期	冰期水位/m	2023年度		近五年		常年	
				最大冰厚/cm	增减量/cm	平均最大冰厚/cm	增减量/cm	平均最大冰厚/cm	增减量/cm
洛古河	110	2025－03－11	301.32	133	－23	144	－34	130	－20
江桥	103	2025－02－11	134.73	94	9	97.6	5.4	99.4	3.6
松花江	24	2025－03－01	150.56	68	－44	65	－41	63	－39
哈尔滨	54	2025－02－21	115.64	73	－19	61.8	－7.8	70	－16
柳家屯	99	2025－03－01	221.54	95	4	96	3	103	－4
两家子（三）	33	2025－01－11	97.93	40	－7	27	6	55	－22

注：冰期水位为各站最大冰厚当日8时冰期水位，常年平均指建站至2020年均值。

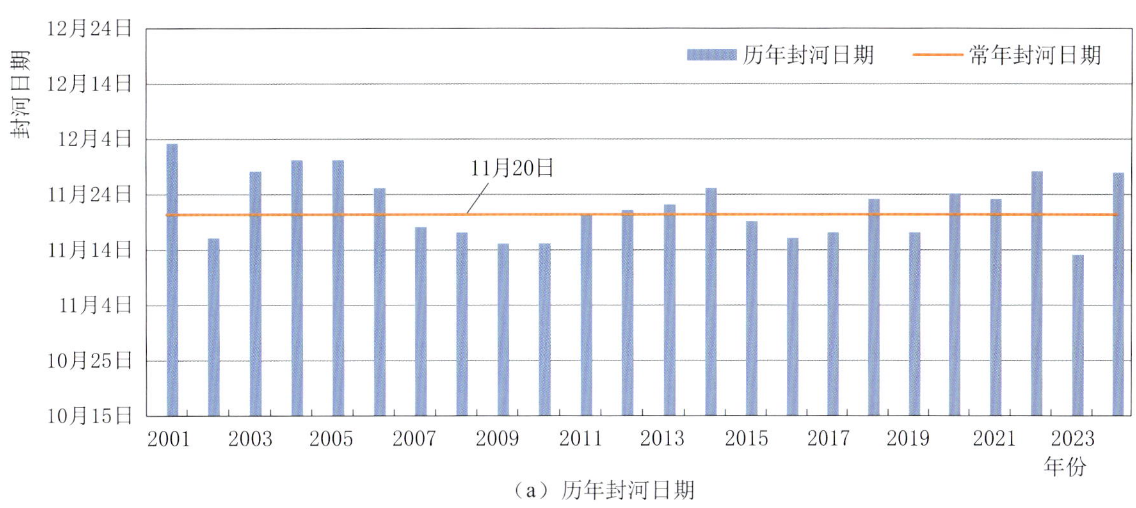

（a）历年封河日期

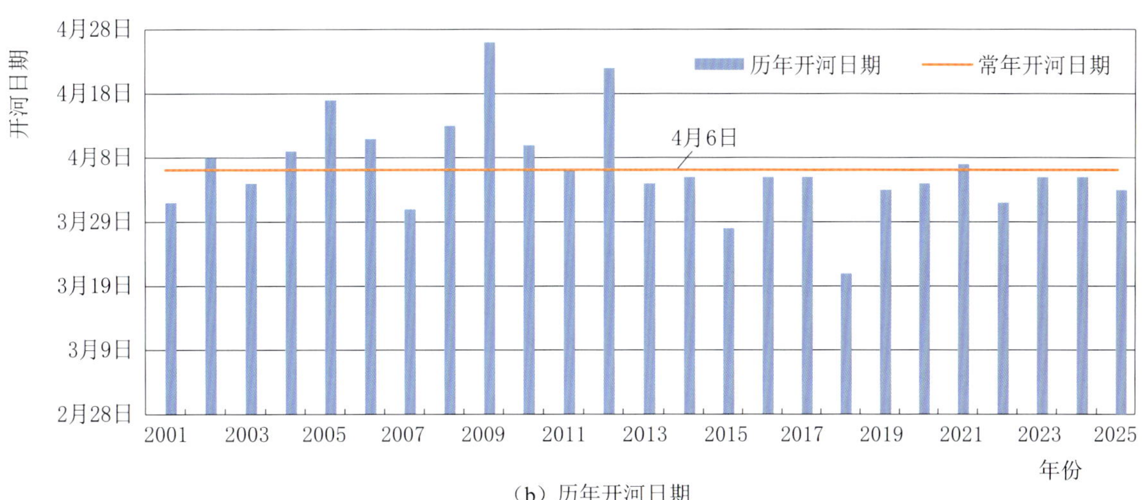

（b）历年开河日期

图 9－5　哈尔滨水文站封、开河日期对比

图 9－6　黑龙江干流冰厚及水位监测作业现场

图 9－7　2025 年黑龙江干流开江

四、辽河

2024 年度气温整体偏高，辽河干流封开河整体呈现封河偏晚、开河偏早的特点；西辽河支流老哈河呈现封河偏晚、开河偏晚的特点。自 2024 年 12 月起，辽河流域各河段相继封冻，各站首封日期较常年偏晚，其中沈阳站首封日期出现在 2025 年 1 月。自 2025 年 2 月起，辽河流域各河段陆续开河，除老哈河太平庄站开河较常年偏晚外，其他水文站开河均早于常年。各站封冻历时最长为太平庄站 110d，最短为沈阳站 48d。

（一）封、开河情况

2024 年度，辽河流域各河段水文站冬季首封日期、春季开河日期及常年封河日期、常年开河日期统计情况见表 9－5。

各站封河日期与常年相比，福德店站偏晚 12d，沈阳站偏晚 18d，太平庄站偏晚 2d；开河日期与常年相比，福德店站偏早 6d，沈阳站偏早 20d，太平庄站偏晚 29d；封冻历时，福德店站为 95d，沈阳站为 48d，太平庄站为 110d。

表 9－5　**2024 年度辽河流域各水文站封、开河时间统计**

封开河日期	福德店站	沈阳站	太平庄站
封河日期/(年-月-日)	2024－12－12	2025－01－08	2024－12－02
开河日期/(年-月-日)	2025－03－16	2025－02－24	2025－03－21
常年封河日期/(月-日)	11－30	12－21	11－30
常年开河日期/(月-日)	03－22	03－06	02－20

注：福德店站常年指 2001—2020 年均值，沈阳站常年指 2003—2020 年均值，太平庄站常年指 2001—2021 年均值。

福德店水文站历年封河、开河日期及常年封河、开河日期对比见图 9－8。

（二）冰情特征值

2024 年度辽河流域各水文站冰厚及冰期水位统计见表 9－6。与常年平均最大冰厚相比，福德店站偏多 15cm，沈阳站偏小 7cm，太平庄站偏小 4cm。沈阳水文站开河情况见图 9－9。

表 9－6　**2024 年度辽河流域各水文站冰厚及冰期水位统计**

站名	最大冰厚/cm	出现日期	冰期水位/m	2023 年度		近 5 年		常年	
				最大冰厚/cm	增减量/cm	平均最大冰厚/cm	增减量/cm	平均最大冰厚/cm	增减量/cm
福德店	59	2025－02－11	96.44	47	12	50	9	44	15
沈阳	21	2025－02－11	36.09	35	－14	19	2	28	－7
太平庄	48	2024－12－31	94.57	75	－27	44	4	52	－4

注：冰期水位为各站最大冰厚当日 8 时冰期水位，常年平均指建站至 2020 年均值。

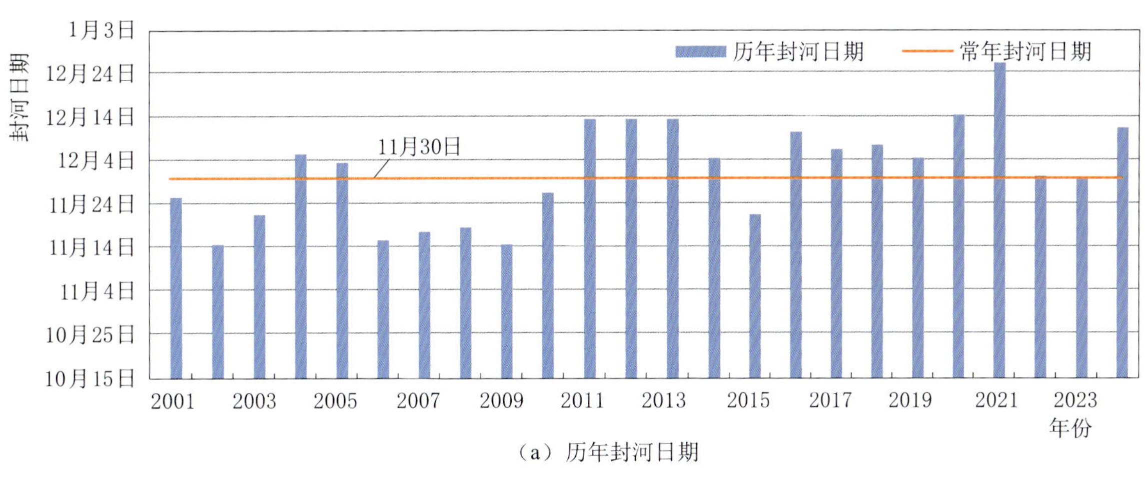

（a）历年封河日期

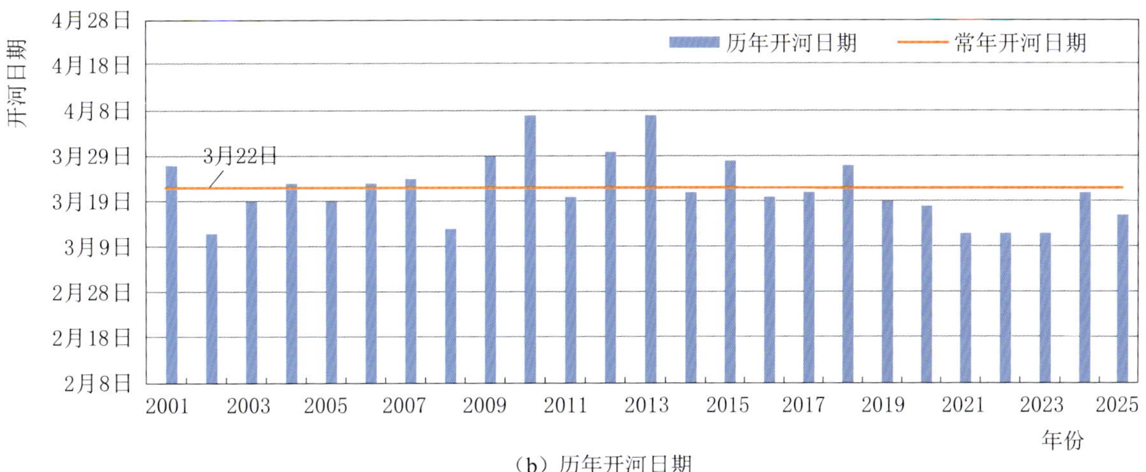

（b）历年开河日期

图 9－8　福德店水文站封、开河日期对比

图 9－9　沈阳站开河实景

太湖晨曦（陈甜　提供）

第十章
湖库蓄水

一、概述

2024 年，据全国统计的 783 座大型水库和 4064 座中型水库分析，年末蓄水总量为 4588.8 亿 m^3，比年初蓄水总量减少 41.7 亿 m^3，降幅为 0.9%，其中大型水库年末蓄水量为 4079.0 亿 m^3，比年初分别减少 38.2 亿 m^3；中型水库年末蓄水量为 509.9 亿 m^3，比年初减少 3.5 亿 m^3。全国常年水面面积 100km^2 及以上且有水文监测的 75 个湖泊年末蓄水总量为 1496.2 亿 m^3，比年初蓄水总量增加 18.7 亿 m^3，增幅为 1.3%。

二、大中型水库蓄水量

北方区水库年末蓄水量较年初增加 63.8 亿 m^3，南方区水库年末蓄水量较年初减少 105.5 亿 m^3。珠江区、黄河区、西北诸河区、东南诸河区、海河区、辽河区、松花江区、西南诸河区 8 个一级区年末蓄水量较年初增加，其中珠江区、黄河区分别增加 49.2 亿 m^3、22.7 亿 m^3；长江区、淮河区 2 个一级区年末蓄水量较年初分别减少 171.6 亿 m^3、2.2 亿 m^3。

2024 年各一级区大中型水库年蓄水变量见图 10－1，2024 年各一级区大中型水库蓄水量见表 10－1。

三、湖泊蓄水量

2024 年，有水文监测的全国常年水面面积 100km^2 及以上的 75 个湖泊年末蓄水总量为 1496.2 亿 m^3，比年初蓄水总量增加 18.7 亿 m^3。青海湖、巢湖年末蓄水量分别比年初增加 28.2 亿 m^3、2.9 亿 m^3，洪泽湖、鄱阳湖年末蓄水量分别比年初分别减少 7.0 亿 m^3、2.3 亿 m^3。从蓄水量变化幅度来看，南四湖下级湖年末蓄水量比年初增加 22.3%，

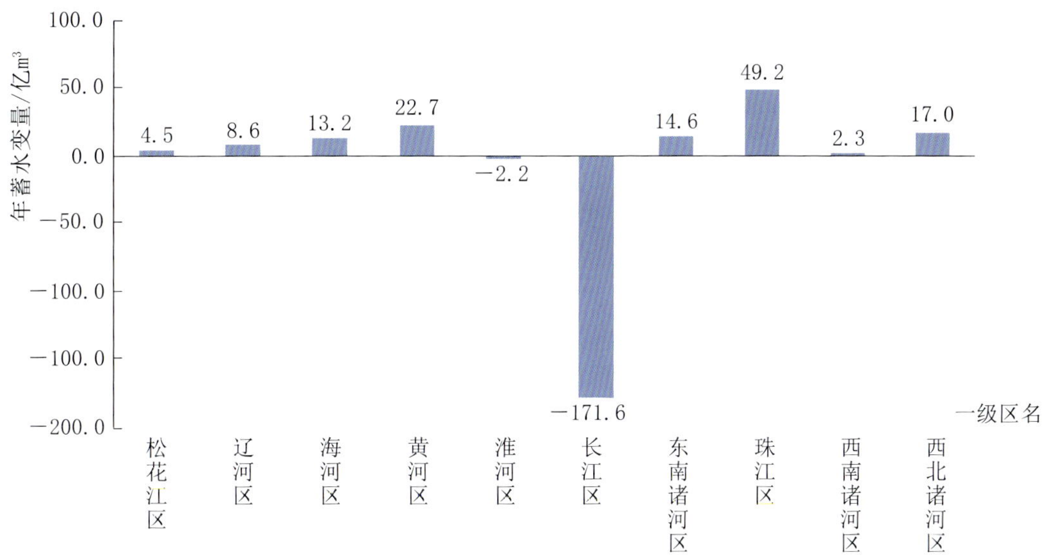

图 10－1　2024 年各一级区大中型水库年蓄水变量

鄱阳湖年末蓄水量比年初减少 22.6%。2024 年水面面积 200km² 以上有监测湖泊年初及年末蓄水量见表 10－2。

表 10－1　2024 年各一级区大中型水库蓄水量

一级区	大型水库				中型水库				大中型水库年蓄水变量/亿 m³
	座数/座	年初蓄水量/亿 m³	年末蓄水量/亿 m³	年蓄水变量/亿 m³	座数/座	年初蓄水量/亿 m³	年末蓄水量/亿 m³	年蓄水变量/亿 m³	
全国	783	4117.1	4079.0	−38.1	4064	513.4	509.9	−3.5	−41.7
松花江区	49	262.4	267.2	4.8	201	32.1	31.8	−0.3	4.5
辽河区	40	100.9	109.0	8.1	129	14.8	15.3	0.6	8.6
海河区	37	108.2	121.8	13.6	120	14.3	13.9	−0.4	13.2
黄河区	45	421.1	444.1	23.1	216	19.3	19.0	−0.3	22.7
其中：上游	18	315.7	331.0	15.4	55	5.8	6.3	0.5	15.8
中游	23	98.3	105.9	7.5	135	10.1	8.8	−1.3	6.2
下游	4	7.1	7.3	0.2	25	3.2	3.8	0.5	0.7
淮河区	58	89.4	85.0	−4.4	274	26.7	28.9	2.2	−2.2
长江区	310	2006.1	1853.7	−152.4	1659	213.6	194.3	−19.2	−171.6
其中：上游	114	1114.0	1104.0	−10.0	593	94.8	90.7	−4.1	−14.1
中游	177	857.6	718.9	−138.8	977	110.1	95.1	−15.0	−153.8
下游	19	34.4	30.8	−3.6	89	8.7	8.5	−0.2	−3.7
其中：太湖流域	8	2.6	3.8	1.2	18	1.3	1.6	0.3	1.5

续表

一级区	大型水库				中型水库				大中型水库年蓄水变量/亿 m^3
	座数/座	年初蓄水量/亿 m^3	年末蓄水量/亿 m^3	年蓄水变量/亿 m^3	座数/座	年初蓄水量/亿 m^3	年末蓄水量/亿 m^3	年蓄水变量/亿 m^3	
东南诸河区	53	282.1	292.7	10.6	337	42.2	46.2	4.0	14.6
珠江区	130	684.8	731.1	46.3	776	94.7	97.6	2.9	49.2
西南诸河区	15	43.0	44.6	1.7	145	23.2	23.9	0.7	2.3
西北诸河区	46	119.1	129.6	10.5	207	32.5	39.0	6.5	17.0

表 10-2　2024 年水面面积 200km² 以上有监测湖泊年初及年末蓄水量

一级区	湖泊	蓄水量/亿 m^3			年蓄水变化率/%
		年初	年末	蓄水变量	
松花江区	查干湖	9.4	10.3	0.9	9.5
淮河区	洪泽湖	42.4	35.3	−7.0	−16.6
	南四湖上级湖	10.8	11.6	0.8	7.2
	南四湖下级湖	7.0	8.5	1.6	22.3
	高邮湖	12.4	11.6	−0.8	−6.7
	骆马湖	8.1	8.6	0.6	7.1
长江区	太　湖	51.1	50.6	−0.5	−0.9
	巢　湖	24.8	27.7	2.9	11.6
	华阳河湖泊群	10.5	10.7	0.2	2.2
	鄱阳湖	10.1	7.8	−2.3	−22.6
	洞庭湖	6.4	6.1	−0.3	−4.4
	滇　池	15.2	15.3	0.2	1.0
珠江区	抚仙湖	198.6	197.6	−1.0	−0.5
西南诸河区	洱　海	28.3	27.7	−0.6	−2.2
西北诸河区	青海湖（咸水湖）	901.1	929.3	28.2	3.1

注： 年蓄水变化率为蓄水变量与年初蓄水量比值。

四、典型湖泊水面变化

2024 年，利用国产卫星遥感影像资源，对鄱阳湖、洞庭湖、太湖、洪泽湖、巢湖、白洋淀淀区和青海湖等 7 个典型湖泊的水面变化进行遥感监测，根据湖泊周围水文站观测数据确定水位最高和最低时间，选取相近时相的卫星遥感影像，若水位最高和最低时间及相近时相卫星遥感影像受云层干扰则优先选用水位相对较高或较低的可用影像，解译水体范围并计算水面面积。对比分析遥感影像水体解译结果，7 个典型湖泊水面面积变化情况见表10－3。可以看到，鄱阳湖和洞庭湖水面面积变化显著，变化率分别为73.35%和77.56%，两个湖泊丰枯两季水面变化见图10－2，太湖、洪泽湖、巢湖、白洋淀和青海湖的水面面积变化相对比较平稳。

表10－3　　典型湖泊水面变化统计

湖泊	最大水面			最小水面			变化率/%
	面积/km²	水位/m	日期	面积/km²	水位/m	日期	
鄱阳湖	3329.02	21.36	2024－07－04	887.12	7.05	2024－12－24	73.35
洞庭湖	2559.19	34.27	2024－07－05	574.28	19.72	2024－12－18	77.56
太湖	2399.49	4.03	2024－07－04	2368.80	3.08	2024－12－29	1.28
洪泽湖	1639.37	13.50	2024－07－24	1482.00	12.39	2024－06－18	9.60
巢湖	789.5	11.46	2024－07－21	773.94	8.28	2024－06－18	1.97
白洋淀	242.27	8.85	2024－08－31	237.88	8.21	2024－07－28	1.81
青海湖	4576.64	3197.31	2024－09－25	4490.64	3196.49	2024－03－17	1.88

注：表中“变化率”为湖泊最大与最小水面面积之差与最大水面面积之比。

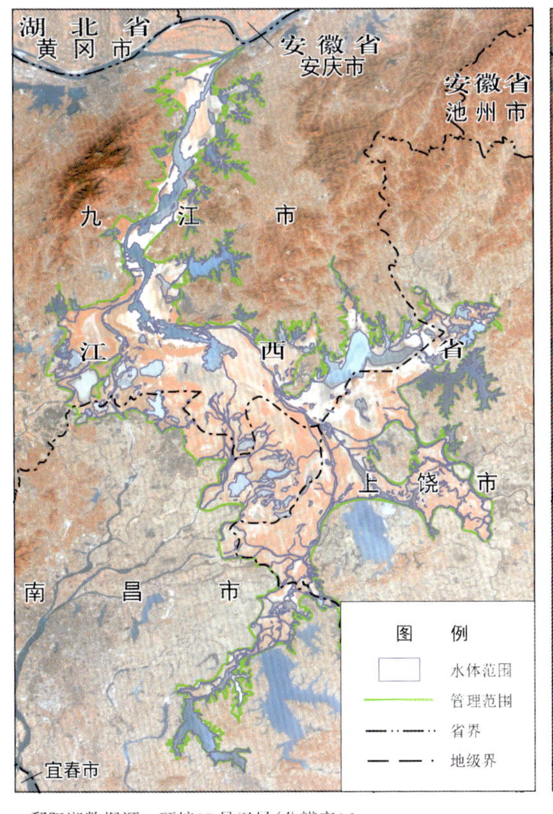

鄱阳湖数据源：环境2B号卫星(分辨率16m，影像采集时间2024年12月24日)。

(a)鄱阳湖枯水期水体范围

鄱阳湖数据源：高分1号卫星(分辨率16m，影像采集时间2024年7月4日)。

(b)鄱阳湖丰水期水体范围

图10－2（一）　鄱阳湖和洞庭湖丰枯两季标准假彩色遥感影像图

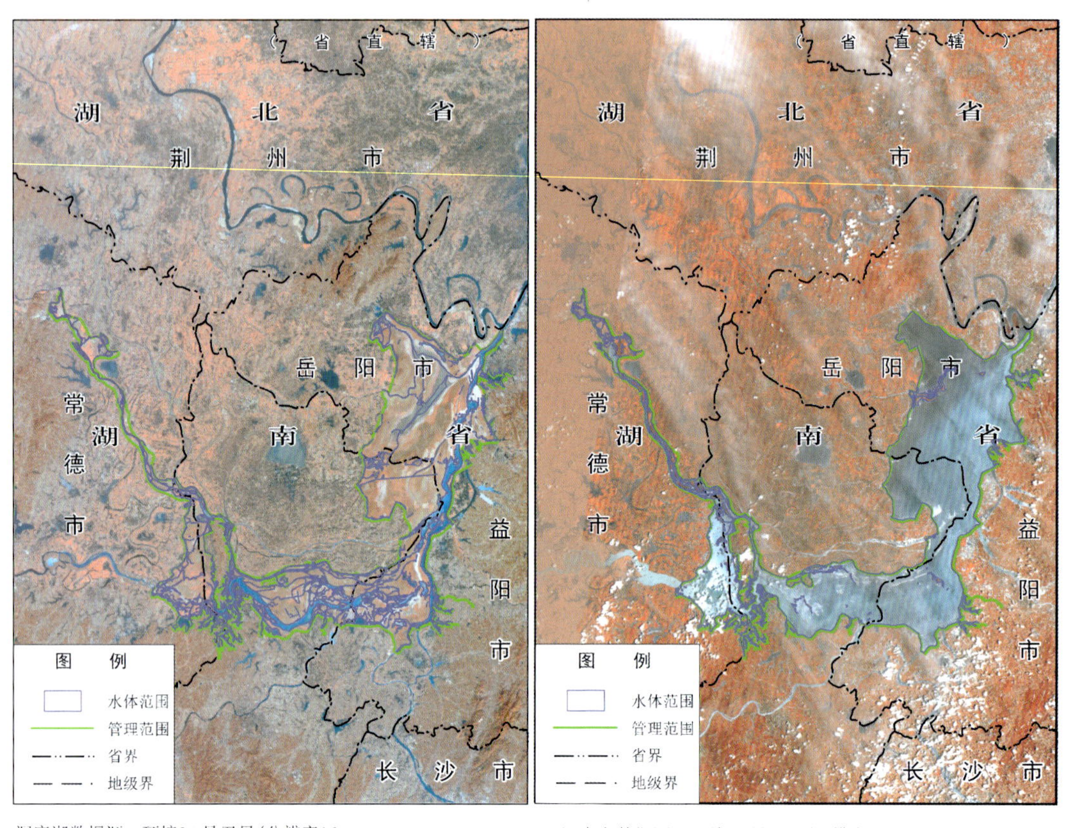

洞庭湖数据源：环境2A号卫星（分辨率16m，影像采集时间2024年12月18日）。

(c) 洞庭湖枯水期水体范围

洞庭湖数据源：环境2A号卫星（分辨率16m，影像采集时间2024年7月5日）。

(d) 洞庭湖丰水期水体范围

图 10－2（二） 鄱阳湖和洞庭湖丰枯两季标准假彩色遥感影像图

黄河贵德清（龙虎 摄）

第十一章 大事记

1. 7 月 25 日，中共中央政治局常务委员会召开会议，研究部署防汛抗洪救灾工作，中共中央总书记习近平主持会议并发表重要讲话。会议指出，要始终把保障人民生命安全放在第一位，进一步完善监测手段，提高预警精准度，强化预警和应急响应联动，提高响应速度，突出防御重点，盯紧基层末梢，提前果断转移危险区群众，最大限度减少人员伤亡。

2. 6 月 3—4 日，水利部在北京市门头沟区召开现代化雨水情监测预报体系建设现场推进会。水利部党组书记、部长李国英出席会议并讲话，强调加快推进现代化雨水情监测预报体系建设，要锚定“一个目标”，抓住“两项重点”，建设“三道防线”，支撑“四预”功能。

3. 3 月 4 日，水利部推荐申报的国家水资源计量站、国家水文计量站获市场监管总局批准筹建。这是水利行业首次获批筹建国家专业计量站，标志着水利计量体系和能力建设取得突破性进展。

4. 3 月 19—20 日，水利部在山东省淄博市召开 2024 全国水文工作会议，水利部副部长刘伟平出席会议并讲话。会议要求全力做好水旱灾害防御支撑服务，加快完善雨水情监测预报体系，积极支撑水资源管理与水生态保护，持续提升水文行业管理能力，大力推进水文科技创新，坚定不移推进全面从严治党。

5. 6 月 10—14 日，世界气象组织执行理事会第 78 届会议审议批准设立水利部南京水利水文自动化研究所与扬州大学联合申报的世界气象组织水文区域培训中心（WMO RTC），该中心是世界气象组织在中国设立的第三个区域培训中心，也是我国水利水文领域第一个 WMO 区域培训中心。

6. 8 月 9 日，黄河水利委员会水文局研发的在线光电测沙仪在泾河支流马连河洪德水文站监测到 $938kg/m^3$，实现水文泥沙测报关键技术突破。

7. 8月9日，广东省人民政府办公厅印发《关于推进水文高质量发展的意见》，加快推进水文现代化进程，为广东省高质量发展提供有力的水文支撑。

8. 10月14日，水利部批准筹建21家水利部野外科学观测研究站，进一步优化完善了水利部野外站的布局体系。自2019年10月水利部认定6家野外站为第一批水利部野外科学观测研究站以来，水利部野外站的数量达到27家。

9. 6月4—7日，联合国教科文组织政府间水文计划（UNESCO-IHP）理事会第26届会议在法国巴黎教科文组织总部举行。水利部水文司副司长（一级巡视员）刘志雨率中国代表团参加会议，在“水文科学50年进展与促进可持续发展愿景”边会上作了题为“中国水文发展与展望”主旨报告，分享了近年来中国水文取得的成就与未来展望。

10月29—30日，第31届政府间水文计划（IHP）亚太地区指导委员会会议（RSC—AP）在韩国首尔举行。水利部水文司副司长（一级巡视员）刘志雨带队参加会议，分享了中国水资源管理智慧和经验。

10. 6月28日，北京市发布了《地表水体长度及面积遥感监测技术规范》地方标准。9月23日，北京市发布了《电波水流量测验规程》地方标准。12月23日，广东省发布了《陆地水域浮游植物监测技术指南》地方标准。

11. 11月8日，水文部门参与完成的“变化环境下长江典型水体生态保护修复关键技术与应用”获大禹水利科技进步奖特等奖，“强人类活动影响下长江泥沙演变与调控”和“复杂气候和地形条件下青藏高原水文要素多源遥感监测模拟关键技术”获大禹水利科技进步奖一等奖。

11月25日，水文部门参与完成的“基于安全可信的数字化水文通信系统与示范应用”获中国通信学会科学技术奖二等奖。

12月13日，云南省水文水资源局“水文资料在线整编系统”获云南省科学技术进步奖二等奖。

编制说明

《中国水文年报 2024》(以下简称《水文年报》)依据 2024 年全国水文部门水文监测数据和有关部委气象、地下水等监测数据，选取较完整长系列整编资料进行统计分析，编制发布社会公众关注的我国年度水文情势以及重大暴雨洪水和干旱等事件，包括降水、蒸发、径流、泥沙、地下水、冰凌等水文要素和暴雨洪水、干旱、水库蓄水量、水生态等年度综合信息及时空变化特征，为经济社会和水利高质量发展提供基础性资料，也为流域综合治理、水旱灾害防御、水资源管理、涉水工程建设运行及水生态修复等提供科学依据。

《水文年报》发布的水文信息未收集香港特别行政区、澳门特别行政区和台湾省的水文信息。

1. 全国水文站网基本概况

截至 2024 年底，按照独立站统计，全国水文部门共有各类水文测站 133369 处，向县级以上水行政主管部门报送信息的各类水文测站有 63587 处，可发布预报站 3789 处，可发布预警站 3896 处。按照观测项目统计，全国水文部门共有流量站 10650 处，水位站 30827 处，泥沙站 1657 处，降水量站 73045 处，蒸发站 1780 处，冰情站 1286 处，地下水站 24857 处，地表水水质站 10362 处，水生态站 1463 处，墒情站 6852 处。

2. 资料选用

《水文年报》中降水、蒸发、径流、泥沙等要素分析计算采用全国水文站网中的基本站，包括降水量站、蒸发站、水文站等的监测和整编数据。年降水量等值线图、距平图和全国年降水量采用全国约 18000 处降水量站监测数据分析绘制，代表站降水量从 18000 处中选取分布均匀、系列较长且具备区域代表性的 778 处基本降水量站监测数据分析计算。年蒸发量等值线和全国年蒸发量采用全国 1245 处蒸发站监测数据分析绘制（统一换算到标准的 E601 型蒸发器)，代表站蒸发量分析计算选取系列较长且具备区域代表性的 138 处蒸发站的监测数据。全国年天然径流量分析计算采用近 3000 处国家基本水文站资料，代表站实测径流量分析计算采用 414 处流域面积为 $3000km^2$ 及以上的主要江河控制站和长江、黄河等大江大河上中下游代表站的实测整编资料。泥沙状况选择长江、黄河、青海湖区等主要江河湖的 91 处水文站实测输沙量数据分析计算。地下水水位变化采用覆盖全国主要平原区、盆地和喀斯特山区的 22344 处（水利部 12467 处、自然资源部 9877 处）地下水监测站数据进行分析，较 2023 年增加 2036 处（水利部 1658 处、自然资源部

378处）。

根据水利部印发的四批次全国重点河湖生态流量保障目标相关文件，对全国171个重点河湖281个生态流量保障目标控制断面监测情况进行梳理和复核，扣除不具备监测条件的断面，2024年对251个断面进行生态流量保障目标的满足程度分析，比2023年增加了2个断面。生态补水效果分析以华北地区河湖生态补水的55条（个）河湖的监测成果为依据，比2023年增加了15条（个）河湖。母亲河复苏行动对象是全国88条（个）母亲河湖（其中，79条河流和9个湖泊）。湖库蓄水状况分析对象为参与统计的大中型水库和常年水面面积大于100km^{2}且有监测资料的湖泊，包括大型水库783座、中型水库4064座和湖泊75个。

《水文年报》部分数据的合计数由于小数取舍不同而产生的计算误差，未作调整。地下水要素采用相同站网进行同比计算，因计算使用站网变动、特征值复核调整、层位属性归类变化等原因，本年报有关成果与前一年有所差异。

3. 有关说明

（1）《水文年报》中涉及的多年平均值，除泥沙采用1950—2020年或建站至2020年系列及特殊说明外，均统一采用建站至2020年水文系列平均值。

（2）一级区：一级流域和一级区域的统称。一级流域由一条较大独流入海的河流水系集水面积组成；一级区域是由多条独流入海河流或由多条流入沙漠、内陆湖的河流集水面积组成。全国一级区划分为松花江区、辽河区、海河区、黄河区、淮河区、长江区（含太湖流域，下同）、东南诸河区、珠江区、西南诸河区和西北诸河区。其中，北方区包括松花江区、辽河区、海河区、黄河区、淮河区、西北诸河区等6个一级区，南方区包括长江区、东南诸河区、珠江区、西南诸河区等4个一级区。

（3）生态流量：为维持河湖生态系统结构和功能，需要在河湖内保留或维持符合一定水质要求的流量（水量、水位）及其过程。

（4）保证水位（流量）：能保证防洪工程或防护区安全运行的最高洪水位（m）（最大流量，m^3/s）。

（5）警戒水位（流量）：可能造成防洪工程出现险情的河流和其他水体的水位（m）（流量，m^3/s）。

（6）编号洪水：依据水利部《全国主要江河洪水编号规定》，全国大江大河大湖以及跨省独流入海的主要江河发生的洪水，在水文代表站达到防洪警戒水位（流量）、2～5年一遇洪水量级或影响当地防洪安全的水位（流量）时，确定为编号洪水。

（7）重现期：为系列年数与排位的比值，计算公式为

$$N=\frac{1}{P}=\frac{n+1}{m}$$

式中　P——频率；

n——系列年数；

m——为由大到小排列的序位。

（8）实测径流量：实际观测到的一定时段内通过河流某一断面的水量（m^3），《水文年报》中文简称为径流量。

（9）天然径流量：实测河川径流量经还原后的水量，一般指实测径流量加上实测断面以上的耗水量和蓄水变量（m^3）。

（10）径流深：指河流、湖泊、冰川等地表水体逐年更新的动态水量与相应集水面积的比值，即当地河川径流量与相应集水面积的比值（mm）。

（11）年丰、平、枯水标准采用：枯水（频率＞87.5%）、偏枯（62.5%＜频率≤87.5%、平水（37.5%＜频率≤62.5%）、偏丰（12.5%＜频率≤37.5%）、丰水（频率≤12.5%）。

（12）含沙量：单位体积浑水中所含干沙的质量（kg/m^3）。

（13）输沙量：一定时段内通过河流某一断面的泥沙质量（t）。《水文年报》中的输沙量仅指悬移质部分，未包含推移质部分。

（14）输沙模数：一定时段内输沙量与相应集水面积的比值［$t/(a \cdot km^2)$］。

（15）中数粒径：泥沙颗粒组成中的代表性粒径（mm），小于等于该粒径的泥沙占总质量的50%。

（16）年降水量距平：当年降水量与多年平均降水量的差与多年平均降水量的比值（%）。

（17）蒸发量：《水文年报》中指水面蒸发能力，我国水文部门普遍采用E601型蒸发器进行水面蒸发观测，其观测值可近似代替大水体的蒸发量（mm）。

（18）全国面积：特指《水文年报》中水文要素分析计算涉及的国土面积（km^2），与通常所称的中华人民共和国国土面积不同。

（19）水文代表站：具有代表性和控制性的水文测站。对于支流，水文控制站一般选用支流的把口站。对于干流，水文代表站一般选用能够代表不同河段水文特征的水文站。

（20）地下水类型：按照含水介质分为孔隙水、裂隙水和岩溶水，孔隙水为存在于岩土体孔隙中的重力水，裂隙水为赋存于岩体裂隙中的地下水，岩溶水为贮存于可溶性岩层溶隙（穴）中的地下水；按照实际工作需要，孔隙水划分为浅层地下水和深层地下水，浅层地下水是与当地大气降水或地表水体有直接补排关系的地下水，包括潜水及与潜水具有较密切水力联系的承压水，是容易更新的地下水；深层地下水是与大气降水和地表水体没有密切水力联系，相较于浅层地下水无法补给或者补给非常缓慢，是难以更新的地下水。

（21）地下水重点区域：依据2023年水利部会同国家发展改革委、财政部、自然资源部、农业农村部组织编制的《“十四五”重点区域地下水超采综合治理方案》，选择地下水开采量大且存在超采问题的集中连片地区，作为治理范围，包括三江平原、松嫩平原、辽河平原及辽西北地区、西辽河流域、黄淮地区、鄂尔多斯台地、汾渭谷地、河西走廊、天山南北麓及吐哈盆地、北部湾等10个区域，共涉及13个省级行政区，72个地市，289个县区；按照《华北地区地下水超采综合治理行动方案》确定的京津冀地区治理目标，开展华北地区地下水超采治理。地下水重点区域按行政区划进行分析，与一般平原、盆地同名时，增加“（重点）”字样以示区别。

（22）地下水水位（埋深）采用2024年12月的平均水位（埋深）值。地下水水位变幅大于0.5m的区域（站点）为水位上升区（点）；小于−0.5m的区域（站点）为水位下降区（点）；大于或等于0m且小于等于0.5m的区域（站点）为水位弱上升区（点）、大于等于−0.5m且小于0m的区域（站点）为水位弱下降区（点），统称为水位稳定区（点）。浅层地下水埋深空间分布采用克里金插值法计算，其他埋深值计算采用算术平均法。

（23）生态流量（水位）保障目标满足程度采用频次法进行评价，计算公式为：

$$CR=\frac{A}{B}\times 100\%$$

式中 CR——河湖生态流量（水位）目标保障达标程度，%；

A——评价时段内，大于等于生态流量（水位）保障目标的样本天数；

B——评价时段内，参与生态流量（水位）保障目标满足情况评价的样本总数。

（24）冰凌分析时段为一个完整的封河开河周期，《水文年报》中的分析时段为2024年封河到2025年开河时段。

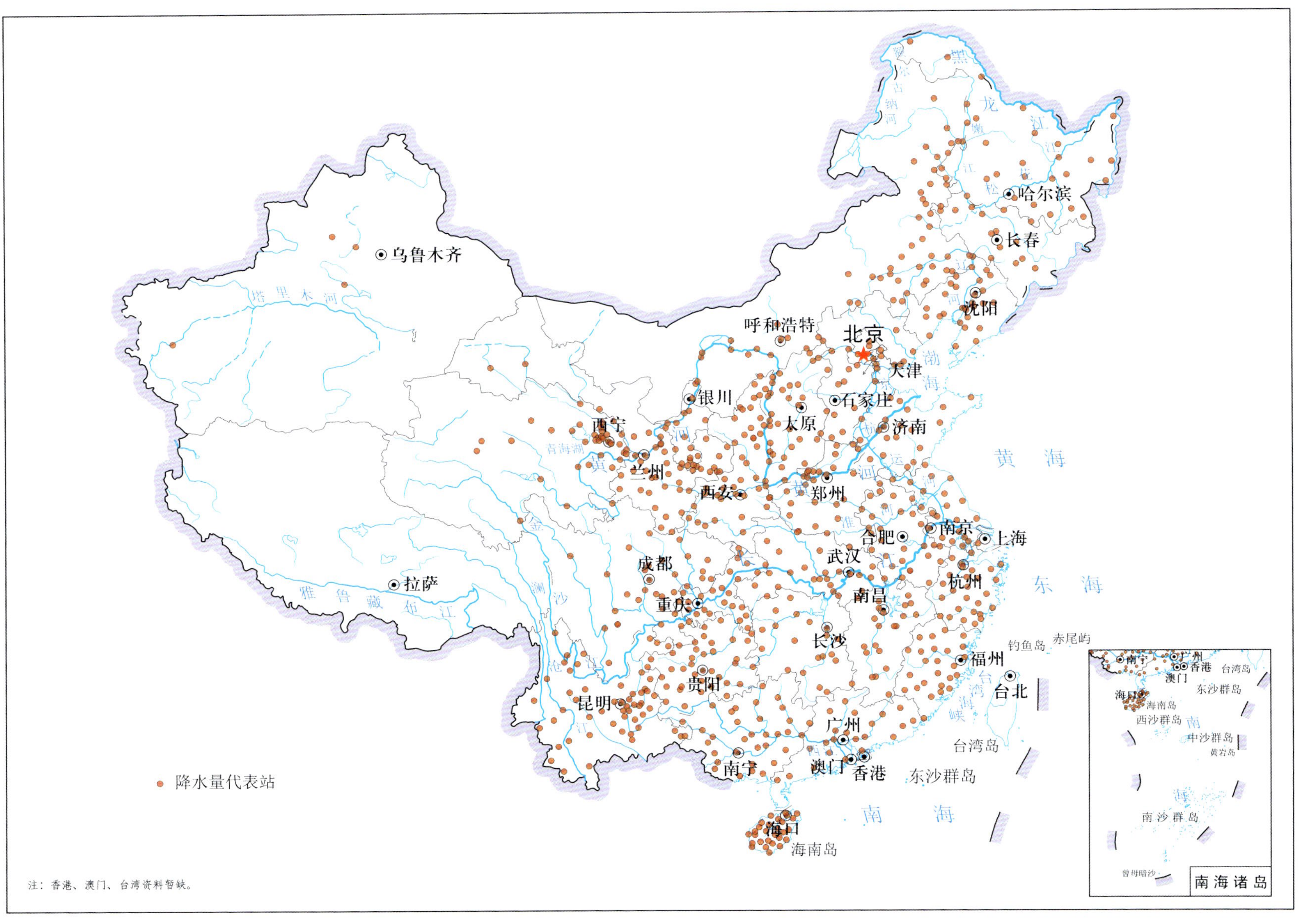

注：香港、澳门、台湾资料暂缺。

全国降水量代表站分布

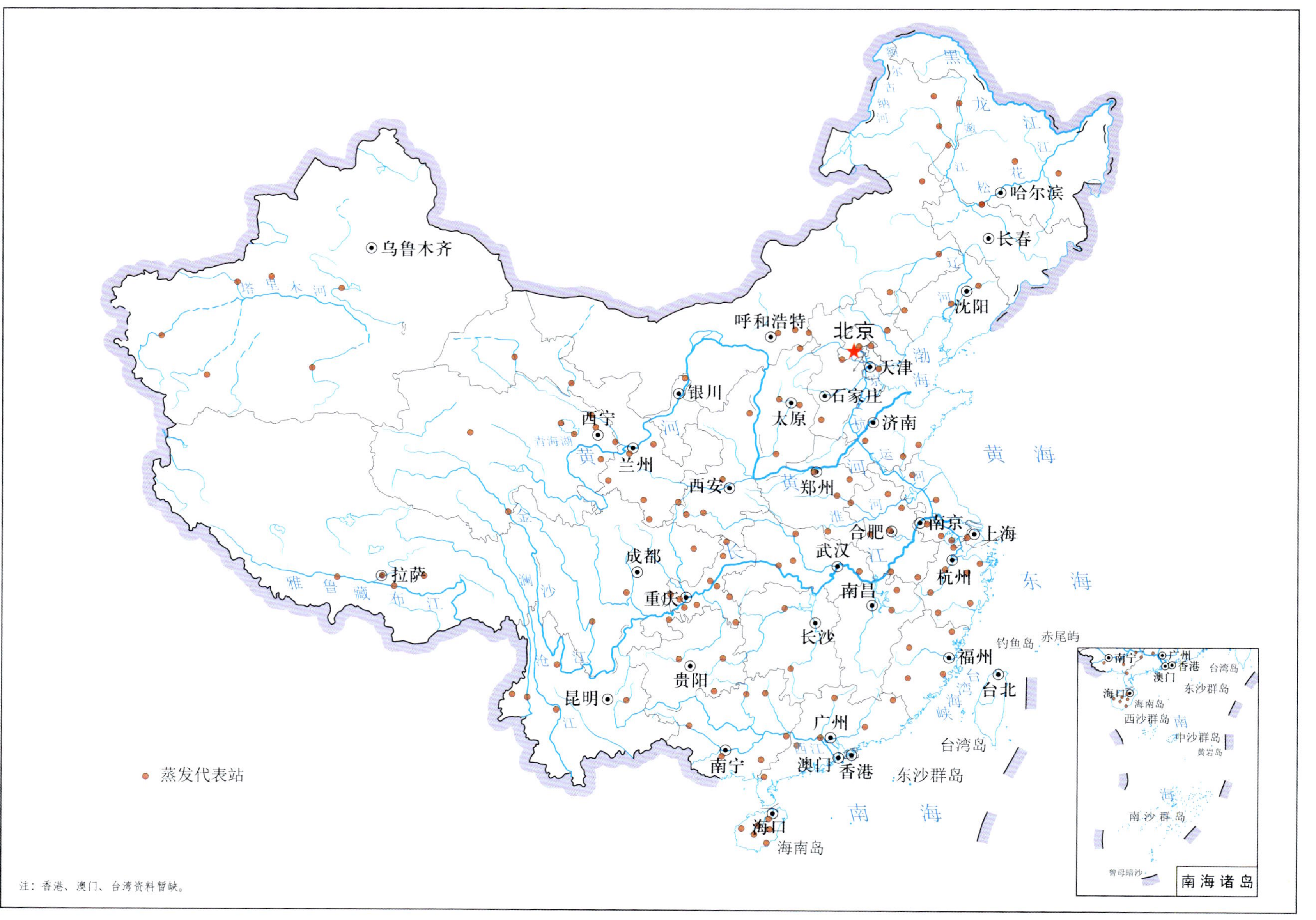
乌鲁木齐
呼和浩特
北京
天津
石家庄
太原
济南
银川
西宁
兰州
西安
郑州
合肥
南京
上海
杭州
武汉
南昌
成都
重庆
拉萨
长沙
贵阳
昆明
福州
台北
广州
南宁
澳门
香港
海口
海南岛
台湾岛
东沙群岛
钓鱼岛
赤尾屿
哈尔滨
长春
沈阳
黄 海
东 海
南 海
蒸发代表站
南海诸岛
西沙群岛
中沙群岛
南 沙 群 岛
注：香港、澳门、台湾资料暂缺。

全国蒸发代表站分布

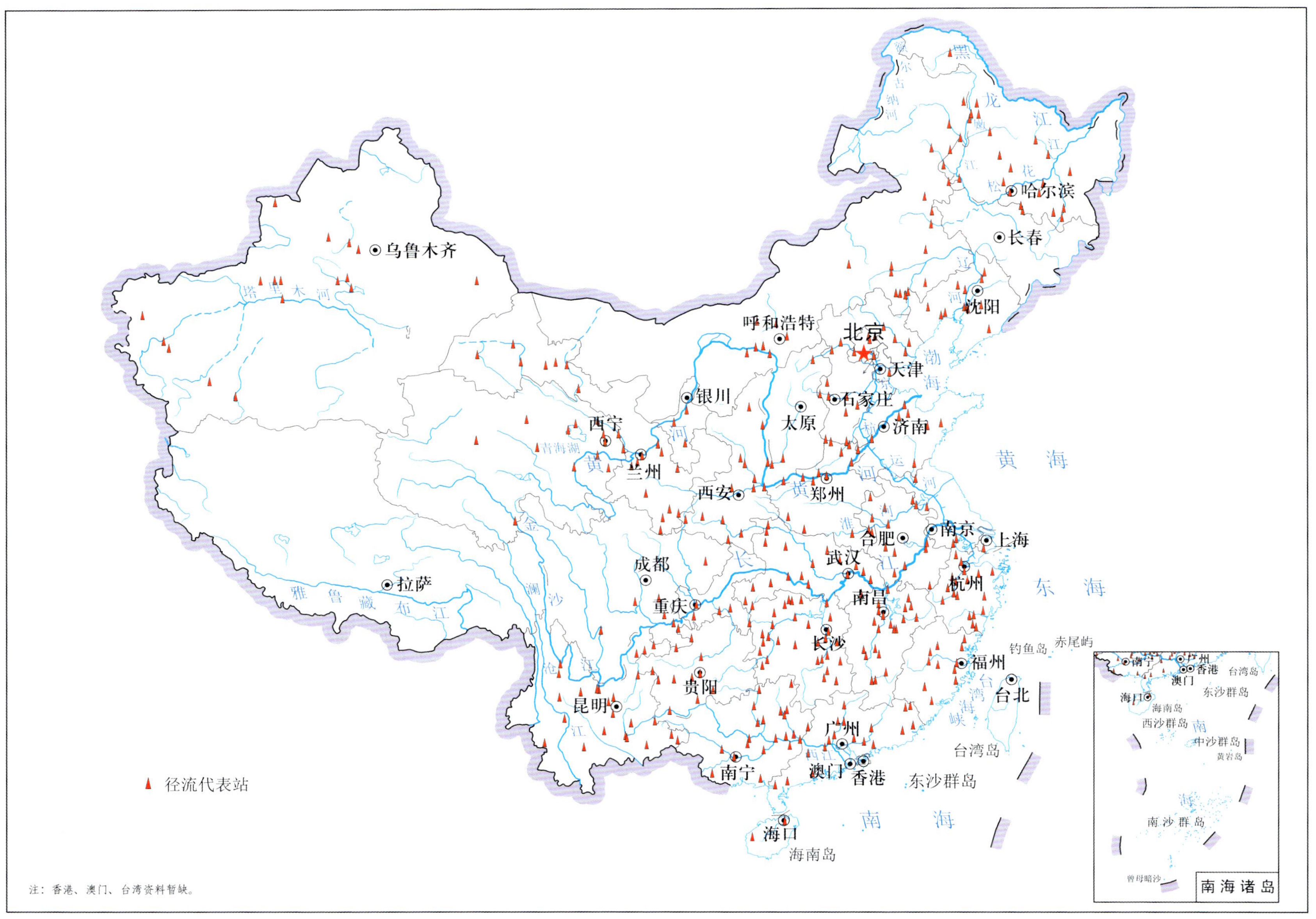
乌鲁木齐
塔里木河
呼和浩特
北京
天津
银川
石家庄
太原
济南
西宁
兰州
西安
郑州
黄海
南京
上海
合肥
武汉
成都
拉萨
雅鲁藏布江
重庆
南昌
杭州
东海
长沙
福州
台北
贵阳
昆明
广州
南宁
澳门
香港
台湾岛
东沙群岛
海口
海南岛
南海
钓鱼岛
赤尾屿
哈尔滨
长春
沈阳
径流代表站
注：香港、澳门、台湾资料暂缺。
南海诸岛
全国径流代表站分布

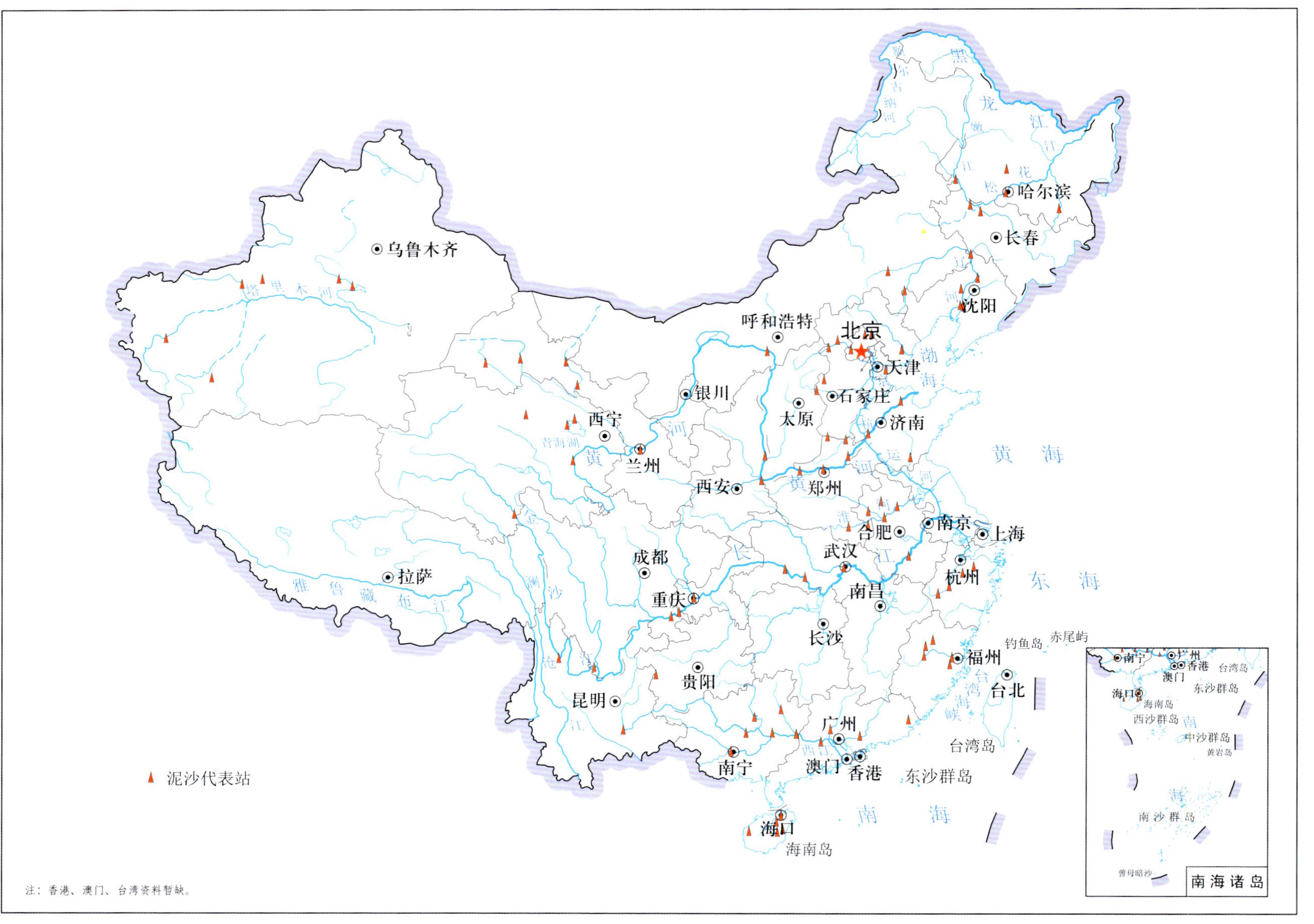
乌鲁木齐
拉萨
西宁
兰州
银川
呼和浩特
北京
天津
石家庄
太原
济南
郑州
西安
成都
重庆
贵阳
昆明
南宁
武汉
长沙
南昌
合肥
南京
上海
杭州
福州
台北
广州
澳门
香港
海口
海南岛
哈尔滨
长春
沈阳
黄海
东海
南海
台湾岛
东沙群岛
钓鱼岛
赤尾屿
泥沙代表站
注：香港、澳门、台湾资料暂缺。
南海诸岛

全国泥沙代表站分布

《中国水文年报》编委会

主　　编：王宝恩

副 主 编：仲志余　刘志雨　戴济群　付　静　彭　静

编　　委：束庆鹏　高长胜　许明家　王建华　官学文　张　成
徐时进　杨建青　柳志会　宁方贵　伍永年

技术顾问：张建云　胡春宏　林祚顶　匡　键　张留柱　钱名开
高云明　钱　燕　付洪明　高　怡　胡余忠　程益联

《中国水文年报》编写组成员单位

水利部水文司
水利部 交通运输部 国家能源局南京水利科学研究院
水利部水文水资源监测预报中心
中国水利水电科学研究院
国际泥沙研究培训中心
各流域管理机构
各省（自治区、直辖市）水利（水务）厅（局）

《中国水文年报》主要参加单位

各流域管理机构水文局
各省（自治区、直辖市）水文（水资源）（勘测）局（中心、站）

《中国水文年报》编写组

组　长： 束庆鹏

副组长： 刘九夫　杨　丹　吴永祥　王金星　孙春鹏　蒋云钟　潘庆宾　刘晓波

成　员： 刘宝家　潘曼曼　彭　辉　陆鹏程　刘　晋　白　葳　尹志杰　孙　龙　金喜来　陈德清　梅军亚　雷成茂　陈红雨　程兵峰　吴春熠　马雪梅　林荷娟　谢自银　王　欢　刘宏伟　马　涛　仇亚琴　陈　吟　董　飞　渠晓东

《中国水文年报》主要参加人员（以姓氏笔画为序）

于　冬　王　旭　王卓然　韦露斯　仁增欧珠　方浩天　邓晰元
左一鸣　石大永　申　瑜　包　瑾　冯　艳　朱春子　朱静思
刘　轩　刘　强　刘　毅　刘双林　刘美玲　安会静　李雪梅
杨　岚　杨　嘉　吴玲玲　汪清旭　沈芳婷　宋丽玲　张　文
张　敏　张　晶　张一凡　张利茹　张昌顺　陈　澄　陈丽竹
陈丽侠　范文杰　林　健　罗晓丹　金晨曦　周　鹏　郑紫荆
郝春沣　胡兴敏　夏　冬　高唯清　陶思铭　黄　鑫　黄育朵
黄宗元　崔　巍　崔寅鹤　梁聪聪　韩　颖　温娅惠　戴云峰

《中国水文年报》编辑部设在水利部 交通运输部 国家能源局南京水利科学研究院